U0397724

迷人的科学
丛书

ÉTONNANTE
CHIMIE

迷
人
的
化
学

克莱尔－玛丽·普拉迪耶

[法]　　奥利维耶·帕里塞尔　　主编

弗朗西斯·泰桑迪耶

杨冬　译

上海科技教育出版社

序

> 惊奇，便是秘密所在。
> 惊奇催生求知的欲望，
> 为人类的进步铺开道路。
>
> ——埃马纽埃尔·摩西（Emmanuel Moses）

你讨厌化学吗？

如果你还对化学耿耿于怀，怨它曾让你的学生时代苦不堪言，那么本书会让你与它冰释前嫌。作为日常生活的好伙伴，化学不仅带来了便利的生活，更代表了人类对未来的愿景。本书将用丰富翔实的内容证明这一点。

早在太阳系和地球形成之前，化学便在广阔的星际空间里发挥着重要作用。20 世纪 70 年代以来，射电望远镜在太空中捕捉到越来越多的有机分子。考虑到太空那严峻的密度与温度条件，它们单是能存在就让人无比惊讶。即便如此，随着原子和离子在广袤的空间不断相互作用，整个气相化学反应还是在宇宙中缓慢发生了。迄今为止，人们已在星际空间探明了 200 多种分子及 12 种原子。通过红外探测，我们在星屑和尘埃中甚至观测到了含 50 个以上碳原子的分子。这些尘埃极其重要，正是在它们的催化作用下诞生了氢分子。有没有可能，正是这些太空中的有机分子在地球大气中播下了种子，让生命得以诞生？问题的答案恐怕还藏在生物分子的手性里。那太空里常见的圆偏振光（LPC），会是地球生物分子存在手性的源头所在吗？这个问题依然悬而未决。

不过，让我们暂且将目光先收回到地球上来，听听布里亚 - 萨瓦兰（Jean Anthelme Brillat-Savarin，1755—1826）怎么说。这位传奇美食家兼律师、

1825 年"年度畅销书"《厨房里的哲学家》(*La Physiologie du Goût*)的作者曾断言,"发明一道新菜比发现一颗新星对人类幸福的贡献更大"。事实上,美食、食物的加工转化,统统都是化学,一种"津津有味"的化学!很长一段时间里,烹饪中蕴含的化学变化一直是一个谜。不少著名的化学家都研究过美食相关的问题。帕尔芒捷(Antoine Parmentier)热衷研究土豆,而"加糖工艺(chaptalisation)之父"沙普塔尔(Jean-Antoine Chaptal)开创了在酿酒葡萄汁中加糖以提高乙醇含量的酿酒法。当然,别忘了还有巴斯德(Louis Pasteur),他在 1866 年证明了是葡萄酵母导致酒精发酵。已有 6 000 多年酿造历史的葡萄酒里玄机密布,不断刷新我们的认知,正可谓老酒藏新知。人们还发现,将蛋清打成白沫可用于澄清酒体,因为鸡蛋清中富含的蛋白质能捕获多余的单宁。

说完"天"与"地",再说说"人",人体的健康自然也离不开化学的加持。纳米科技的革新,尤其是纳米化学的突破,让人们得以发明体积极小的药物,可以不靠吞服而是通过静脉注射进入人体,这主要归功于一些生物相容性分子的应用,例如角鲨烯,既是一种天然脂质也是胆固醇前体。这类技术可将活性分子递送到特定的癌症组织或将止疼药直接导入炎症中心。

总而言之,化学网罗万象。不少名人翘楚都曾与化学结缘。例如,法国政治家拉斯帕伊(François-Vincent Raspail)或者更广为人知的英国前首相撒切尔夫人(Margaret Thatcher)都曾是化学家。以色列第一任总统魏茨曼(Chaim Weizmman)甚至被誉为"工业发酵之父"。还有默克尔(Angela Merkel),作为曾经的物理化学家以及德国前总理,她和科学界一直保持着密切的联系。历史上,更有著名作家如莱维(Primo Levi)或音乐家如鲍罗丁(Alexander Borodin),他们都曾以化学起家。

本书由 50 多篇精彩短文构成,皆出自专家手笔,其中辅以数篇出人意料的化学家小传。读者既可以循序渐进页页翻阅,也大可随心所欲跳着赏读。书中每一篇文章都为我们讲述了一个精彩绝伦的关于"发现"的小故事,并和我们一起探讨化学的未来。全书穿插的各种趣闻轶事和精美配图，让化学在"惊人"之余也平易"近人"。我相信，每位读者在合上书的那一刻，都会觉得自己与这神秘的世界更近了一些。

弗朗索瓦丝·孔布（Françoise Combes）

法兰西科学院院士

法国国家科学研究中心（CNRS）2020 年度金奖获得者

欧莱雅 – 联合国教科文组织 2021 年度世界杰出女科学家奖获得者

引 言

我们唯一应该感到惊讶的，

是我们仍能感到惊讶。

——弗朗索瓦·德·拉罗什富科（François de La Rochefoucauld）

化学这样一门古老的传统学科，如今还能让人耳目一新吗？当然！眼前这本书就将带你领略化学学科的日新月异，为你讲述它最新的惊人发现。众多优秀的科学家将联袂带来 50 多个精彩案例，与你分享他们对化学的一腔热忱。许许多多的日常好物、社会生活的小小进步，乃至重大的科学突破，往往都植根于对化学更加深入的理解和应用。不久之前，我们学会了用 3D 打印机打印出的瓷片修补颅骨，或用植物残余制造眼镜。从智能织物到海水电池再到可回收塑料，诸如此类的新发现数不胜数，让人目不暇接。

本书将带你踏上这样一段精彩纷呈的探索发现之旅，为我们领航的是千千万万的化学家，他们耕耘在丰富多彩的领域，从文化遗产、人体健康、环境保护到清洁能源，无所不包，可以说，几乎涵盖了我们日常生活的方方面面，而化学就藏在每一个不经意的角落。

在本书中，你将了解到：

古人藏在香料和颜料中的秘密

为了追求某种特殊色泽、绘画效果或稳定性，早在史前时代，人们就凭经验捣鼓出了复杂的颜料配方，尽管他们还未能深谙其中的化学反应原理。从那以后，一代代的艺术家都不忘利用化学知识去研制更加稳定的颜料和更持久的清漆。

人体散发的气味竟可以帮助诊断疾病

如今，我们不仅能通过人体散发的气味来判断疾病，甚至可以用自己的汗液来为 LED 灯持续供电。更不用说新型医学造影剂和纳米药物这类宝贵的工具，都在帮助我们更好地应对重大疾病。人类医学进步的背后，离不开化学的贡献。

化学一直在为环保助力

众所周知，植物能够吸收二氧化碳，通过让二氧化碳和水发生反应来合成多糖等复杂物质。化学家从中汲取灵感，制造出一种特殊反应堆，可将二氧化碳转化成取代石油能源的分子。可以说，化学让清洁能源成为可能。它能将太阳能转化成电能并有效储存以备不时之需。理论化学家的宝贵计算，让我们更为系统与概念化地理解化学变化，这对我们认识和优化现实中的实物——无论是电池、超级电容器还是积极参与化学反应的各种溶剂——都起着前所未有的重大作用。

化学助我们一步登天

可以想象，当化学带领我们冲上云霄，近距离接触大气中丰富的化学反应或者将我们送入更远的太空之时，我们会多么惊讶与欣喜。化学为人类提供能量爆棚到几近"爆炸"的燃料，让我们到达更远的地方，甚至指引我们在小说《沙丘》(*Dune*) 所营造的神秘世界里遨游。

化学亦能为你斟上一杯美酒

酿酒师的化学也同样让人啧啧称奇。在他们的悉心操作下，葡萄中的糖慢慢转化为乙醇（和二氧化碳）。化学家或许不是有机酿酒法的狂热捍卫者，但这不妨碍他们将自己深厚的化学造诣不遗余力地倾注到酿酒工艺中，从而满足我们的感官之乐！

本书还会和你分享一些名人故事。他们大多以艺术家、政治家或作家的身份为人熟知，而实际上他们也是了不起的化学家：你可能听说过鲍罗丁和他的著名歌剧《伊戈尔王》(*Prince Igor*)，但你知道他曾写过一本关于"醇类二聚反应转化为羟醛"的专著吗？还有知名作家莱维，你知道他曾在 1941 年写过一篇关于"瓦尔登翻转"的博士论文，从都灵大学荣誉毕业吗？本书可不乏这样"不走寻常路"的人生履历，让人肃然起敬。

要知道，化学不仅仅是一门"了解物质、转化物质、改进物质"的基础研究学科，它更代表着一个庞大的产业，负责生产制造我们生活中的大部分物件和用品……本书会为你细细道来这个产业的未来图景。

化学是一门核心学科，因为它关乎物质的转化，从微观世界一直到宏观世界；同时，它也活跃在物理学、生物学、生态学，甚至人文科学的交汇之处，本书描述的诸多科学进展都将印证这一点。

谨以本书献给所有渴望美好际遇与惊喜的**有识之士**。无论长幼，所有好奇的心灵都能在本书中得到满足和快乐。本书尤其希望与年轻学子对话，期冀能在基础的学科教学之外，为他们提供更为丰富的案例，让他们了解科学在进步中的作用，特别是化学在应对我们社会当前所面临的严峻挑战时所扮演的重要角色。

最后，借助本书，你会意外地发现，化学并非如人们刻板印象中那般，是环境污染的罪魁祸首或是"反自然"的怪物学科。恰恰相反，是化学让我们更好地了解人类的生活、文化，以及环境的变迁；亦是化学，让我们更深刻地感知流淌不息的时间和我们赖以生存的世界。

雅克·马达卢诺（Jacques Maddaluno）

CNRS 化学研究所所长

克莱尔 – 玛丽·普拉迪耶（Claire-Marie Pradier）

CNRS 化学研究所前瞻研究负责人

1

时空之旅

图 1.0 "巴韦珍宝"之一的青铜小雕像。1969 年，人们在法国北部小镇巴韦发现了 370 件高卢 – 古罗马时期的青铜雕塑，历史大约可追溯至公元 3 世纪。这批青铜器件在卢浮宫接受了粒子加速器（AGLAÉ）的检测；AGLAÉ 位于巴黎卢浮宫博物馆地下，其粒子加速系统可产生离子束（质子、氘原子核、氦原子核），在与待检测物质相互作用后释放 X 射线、γ 射线和反向散射粒子，这些粒子中包含着文物、艺术品中的化学成分和结构信息。AGLAÉ 是迄今为止世界上唯一一个安装在博物馆内，专门用于进行文物研究的粒子加速器

从天体化学到宇宙生物学：
寻觅生命之源

一切科学的开始，
便是对事物的是其所是感到惊奇。

——亚里士多德（Aristotle）

自从霍尔丹（John B. S. Haldane）1929 年发表关于"生命起源"的著作以来，科学界对于生命的诞生，尤其是其化学起源的兴趣，便一直有增无减。

的确，是化学构筑了一切。它几乎是从无到有地在极端苛刻的环境中一点点构筑起生命的砖石。正因如此，研究人员要去探寻的，也是一系列几乎无法复刻的化学过程——极端条件的碰撞之下，竟催开了令人惊艳的化学之花！

1 "无生无灭，皆流变"

这句话常被认为是出自拉瓦锡（Antoine Lavoisier）和他的妻子波尔兹（Marie-Anne Paulze）之口；这句在 1783 年被用来描述大气化学的格言似乎也完全可以用来形容宇宙形成初期的化学变化。要了解分子是如何形成与分解的，就必须先了解构成分子的原始成分有哪些。那么宇宙最初有哪些可用的元素呢？太阳给我们列了个清单（图 1.1.1）。

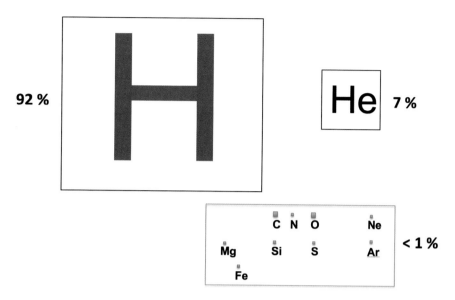

图 1.1.1　天体化学家的周期表（太阳中元素的丰度）

星际介质中所有已知的化学元素都具有各自独特的光谱特征，可凭此一一"验明正身"。

2 星际介质：不毛之地？

要知道，看似广漠空旷的太空并不真的那么"空"：那里其实充满了在恒星核中形成的原子，它们在恒星最终爆发成超新星时被抛撒到宇宙当中（图1.1.2）。这些气相原子既可相互结合形成分子，也可以聚集成颗粒或者尘埃。

观测研究表明，原子、分子和尘埃在星际中的空间分布极不均匀。根据星际介质区域的不同，它们的分布差异很大，这会对化学过程产生深刻的影响，继而影响形成的分子数量和分子类型。这是一系列无比漫长而复杂的化学过程，无论在时间还是在空间的尺度上，都超出了人类有限的认知：我们所能做的，只有观察和建模。

图 1.1.2 "蟹状星云"由哈勃望远镜（图中蓝色部分为气体）和赫歇尔太空望远镜（红色部分为尘埃）分别拍摄合成；该星云为 1 000 年前死亡的一颗恒星遗留的残余物质（1054 年在中国观测到了此次爆炸）

　　下表（表 1）显示的参数为每立方厘米中所包含的粒子数量（n）：正因地球环境中每立方厘米中含有 10^{19}（10 亿的 100 亿倍）个分子，我们才得以呼吸，相比之下，星云中每立方厘米则只含有"区区" 10^{7}（1 000 万）个分子，再加上那里接近绝对零度（$-273℃$）的极端温度，我们不难理解为何宇宙空间的不同区域会产生如此不同的化学。在这稀薄的星际介质中，单是能产生化学反应，就足以让人直呼惊奇了。要知道，在那里，一个原子或分子要想碰上另一个分子得花上平均 1 000—10 000 年，一个光子得等上 1 000 年，一个电子也至少要等上 100 年！

表 1 星际介质的物理条件

观测区域	每立方厘米粒子数	热力学温度（**K**）
弥散星云	10^2	30—50
暗星云（如巴纳德 68 星云）	10^3—10^5	10—30
巨分子星云（如猎户座星云、射手座星云）	10^3—10^7	30—100
恒星热核	大于等于10^7	大于100
实验室模拟出的最佳星际介质参数	约 10^9	大于3
地球上的正常参数标准	约 10^{19}	约 300

因此，星际介质中的化学反应远没有我们想的那么活泼，其速率与实验室中的相比，可谓相去甚远，望尘莫及了！

3 宇宙空间中的分子：纵览与审视

截至 2019 年底，人们已从星际物质中鉴定出了约 210 种分子。就化学而言，尤其是考虑到生命诞生所需的那些条件，这个数量其实还很少。但考虑到研究过程之艰辛与观测所得的种类之广，也称得上收获满满了。顺便一提：第一个含碳分子（CH）在 1937 年被发现，是一种次甲基自由基；被发掘的分子中最著名的是 C_{60}，又称"足球烯"或"富勒烯"（2004 年），是一种由 12 个五边形和 20 个六边形组合而成的球体；最大最重的分子 HC_9N，则是由 9 个碳原子组成的直链，末端有一个氢原子和一个氮原子（1978 年）。

这些分子系统的复杂性随着原子数量的增加而飙升，共同上演了一份"普雷维尔式大盘点"[*]。

在检测到的双原子分子中，我们找到了宇宙中最常见的原子组合方式，涉及 H、C、N、O、Si、Mg、Fe 和 S，除此之外还有 P、Al、F、Cl、Na 和 K。稀有气体则主要以离子、ArH^+ 和 HeH^+ 的形式存在。尽管 HeH^+ 由宇宙中数量最庞大的两种元素氦和氢构成，却是最晚被发掘的（2019 年）。

除 CO_2 和 H_2O 之外，在三原子分子中，观察到了首个负离子 NCO^-，首个卡宾 CH_2，首个循环分子 $c\text{-}SiC_2$，首批有机金属 MgCN、AlCN 和对应的异氰化物 MgNC、AlNC，以及能起到催化作用的 TiO_2。

从 31 种四原子分子中，我们观察到了首批可能催生复杂有机合成的分子：H_2CO，H_2O_2，NH_3，PH_3 和 C_2H_2。

从五原子分子（25 种）开始，我们观察到了有机化学中几乎所有的重要官能团，包括碳氢化合物（CH_4，CH_3CHCH_2，CH_3C_2H，$c\text{-}C_6H_6$）；聚炔烃或氰基多炔烃（CH_3C_6H 和 HC_9N），腈类和异腈类（$i\text{-}C_3H_7CN$、$C_6H_5\text{-}CN$、CH_3NC）；醇类、醛类和酮类（CH_3CH_2OH、CH_3CH_2CHO、CH_3COCH_3）；酸、酯类和酰胺类（CH_3CO_2H、$CH_3C(O)OCH_3$、CH_3CONH_2），醚和胺（CH_3OCH_3、$CH_3CH_2OCH_3$、CH_3NH_2）；自由基或离子（C_5N、C_8H、C_5N^-、C_8H^-、HC_7O、$C_{70}{}^+$）；双官能团分子（CH_3OCH_2OH、H_2NCH_2CN、CH_2OHCHO、$HNCHCN$），以及首个手性分子 $c\text{-}(C_2H_3O)CH_3$。

芳香环方面，除了苯、苯甲腈、环丙烯亚基（cyclopropenylidene）以及可能的氰基环戊二烯之外，暂时还没有找到其他的芳香环。研究人员苦苦寻觅的还有氨基酸，至于最简单的一种氨基酸——甘氨酸，除了在少许陨石中发现痕迹之外，其存在还未得到最终证实。

---

[*] 法语文化中的一个特有表达，指的是杂乱且无逻辑顺序的杂烩式清单，普雷维尔指的是法国诗人、文学家普雷维尔（Jacques Prévert）。——译者

4 寻找分子

只有当星际介质中观察到的光谱与在实验室中获得的光谱完全吻合时，才能确认一种分子的存在。可观测的波长范围非常广，包括 X 射线、紫外线 / 可见光、红外线和毫米波（无线电波），研究人员用相应的光谱仪对每一个区域进行研究。形象说来，这些观测尺度达到数光年的精密仪器，其原理与地球上收音机、太阳镜或微波炉的原理没有什么两样，一切都取决于波长。

振转光谱（微波与毫米波范围）是真正的分子身份识别卡，是探测气相物质的存在及其相对丰度的主要信息来源。然而该类型的光谱不能真实反映实际形成的分子数量。它只能统计自由分子的数量，也就是那些没有附着在被冰覆盖的星际尘埃上的分子。分子在冰上的吸附能必须小于水分子的脱附能，才能在水分子仍附着在尘埃上时逃脱出来。正因如此，在寒冷区域的气相中，人们得以鉴别出甲酸甲酯（$HC(O)OCH_3$），而其同分异构体乙酸（CH_3COOH）因自身通过氢键与冰强结合，没能在相同区域被发现。这一总体趋势与程序升温脱附（TPD）实验的结果一致。因此，随着星际介质相关区域的温度逐渐升高，水冰会选择性地逐一释放出分子。

然而，并非所有的分子都可见于射电光谱。只有那些具有不对称电子密度，即拥有偶极矩 μ 的分子才可以。一个分子的振转光谱线强度与其偶极矩的平方（μ^2）成正比。只有足够高的强度才能弥补较低的丰度。此外，由于构成分子的基团不同，不同部分间的相对几何位置可以形成不同的结构形态，同一个化合物可以产生多个光谱。在实验中获得相对复杂分子（原子数大于等于 7）的光谱是一项艰巨的工作，从合成到数据分析往往耗时数年。因此，识别不出某些分子是再正常不过的事，我们往往缺乏足够多的可与观察结果进行比较的实验数据（图 1.1.3）。

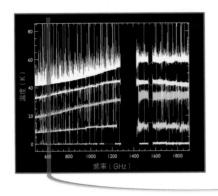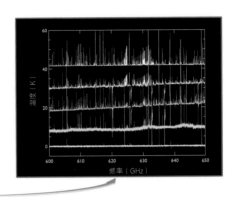

图 1.1.3　用赫歇尔空间望远镜观测到的旋转谱线：右图是左图蓝色区域频带的放大图；光谱获取难度堪比大海捞针

短波长观测则更不可能获得什么丰硕成果了。超过 15 个原子的分子往往很难再通过旋转光谱探测到，因为这些光谱不是变得过于复杂，就是强度过低。这时候，红外光谱则成为识别官能团最佳工具，但也必须在正确的波长下观测才能有所收获（图 1.1.4）。

图 1.1.4　巴纳德 68 在两种不同波长下的成像：左图是人眼里的巴纳德星云，右图是一只变色龙眼中的巴纳德星云；浓密的星际物质（主要是大分子和尘埃）挡住了恒星发出的可见光，却挡不住变色龙天生就可以看见的红外线。宇宙给我们上了生动一课，看似空无一物，实为一叶障目！

经附近恒星紫外线／可见光波长的辐射，这些受激分子重新出现在红外线中。人们花了好几十年的时间才弄清楚这种被称作未证认红外发射带（UIR bands）的神秘现象。该光谱整体呈现出多环芳烃（PAH）的特征，但其强度分布不太相符，尤其是碳氢键（CH）的伸缩振动比实验室观测到的振动微弱很多。正是通过对红外光谱的计算机数值模拟，研究人员才得以解释多环芳烃的中性分子相对于其离子化同类物中碳氢键振动强度锐减的原因。这是因为在观察者的视线方向存在混合光谱，互相重叠，多环芳烃分子在恒星附近被电离，中性分子则因远离恒星而不会被电离。要知道汽车尾气的烟尘光谱和猎户座棒状星云的光谱十分相像（图 1.1.5），是不是很神奇？

除了未证认红外发射带，还有弥漫星际带（DIB），它们不再是一种发射波段，而是主要在可见光范围内的吸收带（图 1.1.6）。它们的载体究竟是什么呢？这个问题困扰了人类 100 年！

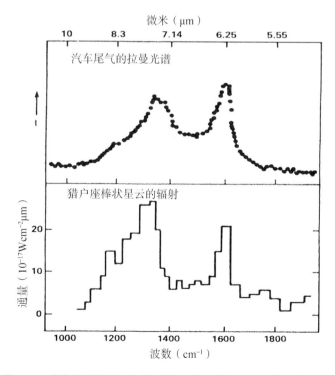

图 1.1.5　猎户座棒状星云的红外辐射与汽车尾气中烟尘辐射的对比图

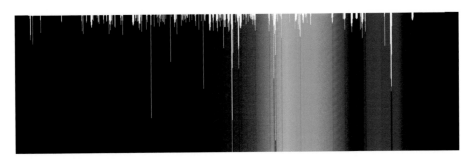

图 1.1.6　弥漫星际带

5 尘埃：渺小而重要

或许这听上去很不可思议，但宇宙中含量最多的氢分子 H_2 并不是由两个氢原子在气相条件下相遇形成的。$H+H \rightarrow H_2$ 这一化学反应是一个放热反应。在太空里，释放的能量只能被禁锢在 H_2 的系统里：H–H 键无法维持。需要第三方的介入来帮助释放能量。这时候，表面被冰覆盖的星际尘埃便派上了用场：化学反应释放的能量被转移到固体中，反应形成的 H_2 得以形成并脱附：它终于蒸发了出来。

冰在数百万年里发挥着这样的作用，其间，它不断受到宇宙线、电磁辐射的破坏，以及来自恒星电子束的轰击。冰的破坏会释放出大量的·H、·O 和·OH。其中最为活跃的氢元素重新组合成 H_2，向表面扩散；·OH 既可以保持吸附在表面，也可以脱附进入气相。这时，这 3 种反应物的存在，根据以下几个方程式，很有可能重新互相结合而形成冰：

$$·H +·OH \rightarrow H_2O；H_2 +·OH \rightarrow H_2O +·H；·OH +·OH \rightarrow H_2O +·O·$$

第一个反应不太可能实现，因为氢原子扩散得太快或更容易形成 H_2。第二个反应会在气相阶段遇到一个激活屏障，得靠一种叫作隧穿效应的量子机制才能打破。第三个反应则是依靠两个自由基·OH 的结合形成过氧化氢（H_2O_2）。潜藏的冰则颠覆了这一切。在寒冷的环境（10—30 K）中，承载着整个宇宙空间里大部分氢元素的冰成为化学反应的重要载体。在这些情况下，阻碍冰盖重建的壁垒坍塌，甚至消失：

$$\cdot OH_{(自由)} + H_2{}_{(吸附)} \longrightarrow H_2O_{(吸附)} + \cdot H_{(自由)}$$

$$\cdot OH_{(自由)} + \cdot OH_{(吸附)} \longrightarrow H_2O_{(吸附)} + \cdot O \cdot_{(吸附)}$$

可以说，冰既是化学反应的催化剂，也是其产物的储藏室。在那里，这些产物可以不断循环，继续发生反应。因此，作为自身重建过程中的重要催化剂，冰"点燃"了星际间的有机化学，维持着宇宙中有机化学的活跃。

6 生命之砖与手性之谜

构成细胞结构的一系列分子常被称为"搭建生命的砖瓦"，是生命构成的基本单位，其中就包括了蛋白质和肽类，它们是由氨基酸通过肽键连接在一起形成的。DNA 中存在的嘌呤碱和嘧啶碱基则构成了另一大系列。同样地，DNA 中存在的一些糖类和核糖也被认为是构成生命的基本元素。不过，最近的研究表明，更小的糖（甘油醛）也可以在 DNA 中形成核糖，因而更有可能是生命的基石。

同时，手性的概念与地球上的生命变得密不可分。一个多世纪前，热力学奠基人之一、第一代开尔文男爵汤姆森（William Thomson，1824—1907）是这样定义手性的："所有不能与自身镜像重叠的几何图形或点群，谓之手性。"骰子就是一个典型的手性物体（图 1.1.7）。一般来说，一枚骰子两个相对面上的点数之和为 7。一旦投掷出"1 + 6"和"3 + 4"，那么剩下的一组只有两种可能性："5 在左且 2 在右"或"5 在右且 2 在左"。这便是两个对映体，化学上称为对映异构体。

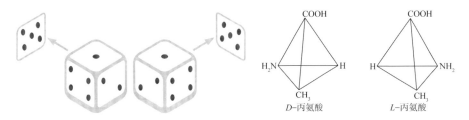

图 1.1.7　左：一对对映体骰子；右：一对对映异构体氨基酸

更令人吃惊的是，在地球上，某些构成生命体的基本元素只以一种对映体形式存在（即同手性）：组成蛋白质的氨基酸是左旋的，写作"*L-*"，DNA 中的糖则是右旋的，写作"*D-*"。

针对这一现象，目前存有两种假说：一种是随机论；另一种是决定论。前者认为，手性选择是随机发生的，就和掷骰子一样。后者认为，某种外部现象会特别地导致特定手性分子的合成（或破坏）。

在澳大利亚默奇森村附近曾发现过一块陨石，称作"默奇森陨石"。人们研究发现其成分中含有大量 *L-* 丙氨酸对映体。这是一种外源现象。在其他的碳质陨石中还观察到一些对映体过量的氨基酸。这不得不引起人们的思考：这些构成生命的基础物质，会不会源起星际介质之中，然后随着地球形成初期那频繁的陨石撞击而来到地球上的呢？当然，这一理论明显忽略了早期地球本身也是"一碗沸腾的原始化学汤"。不过，外源说在水、氨和二氧化碳等简单分子的来源方面判断无误。可我们如何证明，构成生命的复杂分子如氨基酸或糖也是由陨石撞击带来的，且带来的量足够多？火星经历了和地球差不多的形成过程和陨石撞击，却未能形成大量的有机物。这一事实证明，单纯地靠外源作用是无法在地球上孵化出复杂生命体系的，还必须存有大量的水。

关于宇宙中同手性现象的起源，星际介质为我们提供了好几种有趣的可能性：

在圆偏振光下合成生命前体。目前，科学家利用位于巴黎南部的开放研究设施 SOLEIL 大型同步辐射光源，对非手性起始反应物进行的一系列的实验结果支持了这一观点；

氨基酸分子在具有区分性的支撑物上选择性地吸附。这主要是基于两种非对映异构体氨基酸（*D*）– 支撑物（*D*）和氨基酸（*D*）– 支撑物（*L*）具有不同能量的事实而得出的结论，我们可以在手性方解石和石英上进行验证，但我们还是不清楚星际介质中手性支撑物的起源；

非外消旋氨基酸混合物的选择性升华，至于星际介质中形成这种固体混合物所需的条件，我们依然一无所知。

兜兜转转，我们仿佛又回到了起点：宇宙中第一个同手性系统的形成悬而未决。也许我们还缺少一个能在原始地球自然环境里生成仅一种手性异构体的化学反应，就像我们在实验室中实现的对映选择性自催化反应那般。接下来的几十年里，关于生命起源的外源性问题一定还会引发诸多激烈的探讨，因为这种外源和内源的占比极难界定。

看来，想要真正解开人类内心的迷思，抚平困惑，还有很长的路要走。好在我们还可以援引孔子的一句话来聊以慰藉："不知为不知，是知也。"

（伊夫·埃兰热　让 – 克劳德·吉耶曼）

生命最大谜团，
源起星际空间？

若一些原因导致一些效应，

那么原因中蕴含的对称性必会体现在其引发的效应之中。

——皮埃尔·居里（Pierre Curie），1894 年

1 地球生命从何而来

随着 DNA 结构的发现以及分子生物学领域的突破，我们对生命及其起源的看法不断被刷新。目前较为普遍的说法是，地球的形成或可追溯到 45 亿年前，生命则出现在 41 亿至 38 亿年前。地球生命所具有的一个显著特点便是：构成生物聚合物（生物高分子，如 DNA 或蛋白质等）的每一个基本组成部分，都以一种单一的对映体形式呈现，也就是说，只存在于一种手性结构中。

就像人的左手和右手那样，两者互为镜像但无法完全重叠，某些有机分子也能以右旋（D）和左旋（L）两种对称形式存在。这就是神奇的手性！所有的蛋白质，也就是构成生物活细胞的基础物质，都含有数十万个完全是左旋的 α-氨基酸（α-氨基酸的左旋构型）。相反地，构成 RNA 和 DNA 中核苷酸中心部分的核糖，却总是右旋的。生物体内许多其他的糖类亦是如此。分子的这种手性选择过程叫作生物的同手性。那么问题来了：为什么氨基酸总是左旋的，糖却是右旋的呢？这看似简短的问题背后其实玄机暗藏，迷影重重。

2 生命为何只择一途

以传统手法在实验室中合成氨基酸或核酸，在不进行特殊干预的情况下，会产生等量的两种对映异构体，也就是左旋右旋各占 50% 的混合物：这便是所谓的外消旋混合物。自从著名的米勒实验以来，我们就掌握了制造生命基本单位的技术，但在可能的数条反应途径中，并未出现过手性选择即"对单一手性的偏爱"。这并不奇怪，在没有不对称诱导剂（或增强剂）的介入下，分子间 L 型和 D 型的丰度本就不该呈现不对称性。

目前关于地球上生物分子同手性的起源，或者说这种同手性在地球上的放大与增强，存在着好几种假说：一种假说将同手性的产生归结于偶然性，即某种间接过程在抽选两种立体异构体（左旋或右旋）之时产生了随机波动——就像掷骰子时正反面的概率是随机的——导致不对称生物聚合物的产生。另外一种假说则认为这种手性特征其实源自外太空。

3 天体化学：探索星际空间中的尘埃、冰与气体

生命的基本组成部分很可能形成于星际冰内部，星际冰则蕴藏在恒星的诞生地"星云"之中（图 1.2.1）。

这些星际冰可能是生命诞生所需有机物的一个潜在来源。科学家已在实验室中进行了多项天体物理实验，以模拟星际介质的环境：实验中，他们将由水、甲醇和氨构成的气态混合物暴露在紫外线辐射下，模拟出这些星际冰的诞生过程。随后，用先进的色谱技术对这些化合物进行分析，证实了星际冰中存在复杂的有机分子。科学家由此提出，氨基酸或糖类（都是遗传物质的前体）以及磷酸盐（例如在管理细胞过程所需的能量方面起着重要作用的 ATP——三磷酸腺苷）构成了太阳系原始有机物的一部分，是它们在太阳系中播下微行星。这些微行星是由尘埃颗粒凝聚而成的致密天体，直径约几十千米，是构筑行星

图 1.2.1　鹰星云中心的"创生之柱"，也是新星的孵化场所

的基石（图 1.2.2）。这种化学过程并不稀奇，在大多数孕育行星的区域中都存在。

　　因此，大家普遍认为，是彗星或其他一些小天体——如小行星或星际尘埃——在地球上播下了有机分子的种子。尽管星际冰化学和前生命化学（prebiotic chemistry）并不相同，但低温低压条件加上紫外线辐射中的圆偏振光所引起的化学反应，很可能按下了早期地球前生命化学的启动键：这些反应可能导致生命基本元素具有不对称的手性，并从中催生出新的生物合成途径。

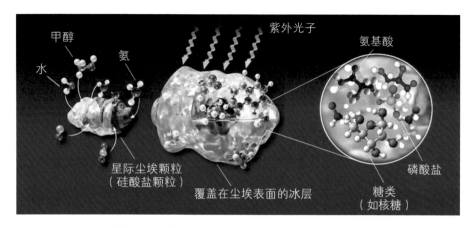

图 1.2.2　星际介质中存在的氨基酸、核糖和磷酸盐为我们提供了关于生命起源的诸多线索：星际尘埃颗粒表面覆盖着一层薄冰，其中含有水、甲醇和氨等分子，这些尘埃颗粒受到紫外线辐照的影响，通过光化学作用形成不同的有机分子

4 生物的不对称性，真的来自太空吗

　　对碳质陨石——偶然撞击地球的太空岩石残骸进行化学分析，发现了大量左旋氨基酸的存在。这一发现也催生了一种假说，即构成生命基质的生物分子可能源自地外空间。该假说认为，形成我们太阳系的分子云可能促进了左旋氨基酸的选择，这是由于附近恒星的辐射经分子云中尘埃颗粒的散射，产生了圆偏振光。这种特殊的光与手性分子的两个镜像以不同的方式相互作用，导致了分子不对称性的产生。科学家就这些手性光子与有机分子的相互作用进行了研究，证明了外消旋氨基酸混合物的对映选择性光解，且通过模拟星际环境还原了星际冰中氨基酸的不对称光化学合成。换言之，星际圆偏振光为陨石中发现的氨基酸分子不对称性提供了有力论证，而这种光在宇宙中一些新星诞生区域已得到证实。

5 宇宙浩瀚

　　如果地球生命对左旋氨基酸和右旋核糖的"偏爱"的确起源于外太空，那么，这一现象很可能也已蔓延到了太阳系的其他角落——例如火星表面之下、木卫二或者土卫二（图1.2.3）冰壳之下的海洋里——并在那里悄悄催生前生命化学。因此，对星际环境中同手性生命起源及其形成途径的研究，将直接帮助我们理解地球生命所具备的不可或缺的特性。同时，引入分子手性作为一种生物标志物，也有助于我们在当下以及未来的空间探索中寻找并了解外星生命。

图1.2.3　土卫二上的"喷射"景象：这些"间歇泉"（主要是氢气）是土卫二冰壳下方的岩石体和海洋之间热液活动形成的产物

参考文献

1. Miller S. L., «A production of amino acids under possible primitive Earth conditions», *Science*, 1953, 117: 528.

2. Evans A., Meinert C., Giri C., Goesmann F., Meierhenrich U., «Chirality, photochemistry and the detection of amino acids in interstellar ice analogues and comets», *Chemical Society Reviews*, 2012, 41: 5447.

3. Meinert C. *et al.*, «Ribose and related sugars from ultraviolet irradiation of interstellar ice analogs», *Science*, 2016, 352: 208.

4. Turner A. M. *et al.*, «Origin of alkylphosphonic acids in the interstellar medium», *Science Advances*, 2019, 5: eaaw4307.

5. Meinert C. *et al.*, «Photon-energy-controlled symmetry breaking with circularly polarised light», *Angewandte Chemie International Edition*, 2014, 53: 210.

6. Kwon J. *et al.*, «Near-infrared circular polarisation images of NGC 6334-V», *The Astrophysical Journal Letters*, 2013, 765: p. L6.

（科尔内利娅·迈纳特）

起底远古之香

每一朵儿都似香炉，散发馨香……

——夏尔·波德莱尔（Charles Beaudelaire），1857 年

　　和制药业一样，制香业也从 19 世纪有机化学日新月异的发展中获益良多：合成芳香剂的出现，大大丰富了调香师制作香氛产品时可调用的原料。尽管我们确实能从天然物质中提取出现代香水中的一些经典香调，但那昂贵到令人望而却步的原料往往只有奢侈品香氛才担负得起。如今，化学则通过合成气味相仿的化合物，或是利用比直接萃取天然原料更为经济有效的方法合成相同成分的气味物质，让曾经高不可攀的奢侈品香氛逐渐走入了寻常百姓家。是化学大大丰富了人们的嗅觉体验，让大众得以接触到曾经极为稀有的香气，如令人沉醉的麝香或温暖又有野性的龙涎香。

　　化学史上充满了偶然发现，合成香料的发现也不例外：一个化学家很难不注意其制备出的产物的气味。一般来说，化合物的气味（甚至是味道）也是它的重要表征之一，就像物理性质一样。人工麝香的发现无疑就是这样的一个"意外之喜"：那是在 1888 年，一位专攻炸药领域的化学家鲍尔（Albert Baur）记录下了这种香气，当时他正试图合成爆炸物 TNT（三硝基甲苯）的类似物。这一发现让人们开始大规模地在香水中使用合成麝香。事实上，真正的麝香也就是麝香酮（和鲍尔合成麝香的结构完全不同）的气味原理，得等到 40 年后才得以初见天日。

　　的确，对天然芳香原料进行精细分析，确定气味物质的特性并找到可以用于制香的新成分的确是最直接且合乎逻辑的方法。实际上，这项操作尤为艰难：要知道，很多芳香植物散发特殊气味的原因以及该气味物质的具体性状对我们来说仍是一个谜。这主要是因为嗅觉系统——人类的也好，动物的也

罢——是一种极其敏感且具有高选择性的探测系统。人类的鼻子非常灵敏，常常能够感知到某些极其微量的气味物质（含量低到连人工探测系统都无法检测出来）；同时，它也非常挑剔，也就是说，还有些化合物在我们闻来就没什么气味，甚至完全没有气味。嗅觉的这种特性意味着，当闻到一些分子混合物，如一株芳香植物散发的气味时，我们能够感知到其中含量很微弱的一些物质，而另外一些含量较高的分子，我们感受得不够强烈，甚至毫无感知。因此，对于想要进行气味物质分析的化学家来说，他所面临的最大困难便是要从含有数百种复杂成分的混合物中识别出含量极低的气味物质，这无异于大海捞针。即便对一个拥有极其精良装备的化学家来说，也会是不小的挑战。因此，我们也就不难理解，为什么很多香水原料中典型香气的特性依然鲜为人知，哪怕这种芳香特性已经为人类沿用已久。

图 1.3.1　a. 乳香树脂是从乳香属（*Boswellia*）树木树皮的切口中溢出的；b. 乳香属树木原产自非洲之角和阿拉伯半岛南部的干旱地区；c. 树溢出的"香泪"一经晒干，便可直接焚烧作香薰用

世界上最古老的天然香薰制品就是一个很好的例证。当然，因为其历史过于久远（可以追溯至史前），人们很难精准地确定这些用香的渊源。与现代人一样，人类远祖自然也无法抗拒鲜花的芳香，但鲜花易腐，很难长时间且稳定地为空间带来香气。好在蒸馏技术问世以前，人们就学会从某些特定树木的树皮中收集树脂（如没药或乳香）了，它们便于储存且可用作焚香（图1.3.1）。这些香氛的使用可能与人类掌握了生火技术息息相关：香水一词（perfume）的词源（per fumum）就有"穿过烟雾"的意思，这就与早期熏香装置是以燃烧为基础的观点相一致。此外，乳香主要采自生长在非洲或中东的树木，离当时的古文明中心（埃及、

图 1.3.2　目前，乳香仍是宗教仪式中最主要的熏香原料，它被置于炭火上焚烧；我们常说的"教堂气味"便是这种香料的典型香味

美索不达米亚）不远：在那里，乳香是价值极高的商品。直到今日，在世界上某些地区（如中东）以及天主教或东正教的宗教仪式（图 1.3.2）中，乳香仍被用作焚香的原料。以上种种原因，让乳香被认为是世界上最古老的香氛制品。直至近日，靠着一种借助人类嗅觉的分析技术——气相色谱法 - 嗅味计（GC-O），

构成乳香气味特征的物质及其确切性质才终于大白于天下。

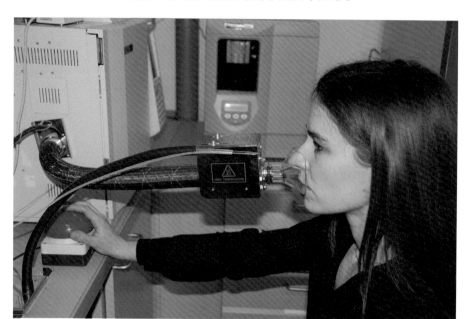

图 1.3.3 评测员进行气味评估：GC-O 技术将混合物的不同成分进行分离并输出至评测员的鼻前，方便其依次描述不同成分的气味

该技术能够将混合物的成分单独分离，继而便于实验人员依次闻嗅，以描述它们各自的气味（图 1.3.3）。因此，它非常适用于识别那些具有混合物气味特征的成分。当然，协同效应可能会让这个任务变得艰难一些。一旦通过 GC-O 技术确认了这些气味物质，化学家就要开始长期的分离工作，也就是将它们从化合物中分离出来并确定其化学结构。利用该技术对乳香进行分析，首次揭示了其成分中所具有的两种乳香酸（olibanic acid），乳香那让人仿佛置身于古老教堂的特有香调正是来源于此（图 1.3.4）。

为了坐实乳香酸正是这种气味基调的"始作俑者"，还必须能人工合成这两种酸，以证明合成样品的气味与从天然乳香中分离出的气味一致。我们现在已经可以工业制备这种酸，并将其作为一种专利配方技术在香水制造业中广泛使用。令人意外的是，该成分被证明普遍存在于各类乳香中，哪怕它们各自的挥发成分都大不相同。人们在阿拉伯乳香树（*Boswellia sacra*，索马里和阿曼）、波叶乳香树（*Boswellia frereana*，索马里）和纸皮乳香树（*Boswellia papyrifera*，埃塞俄比亚）这 3 种乳香树的树脂成分中都检出了这种物质。它们在树脂中的占比往往很低（大约百万分之几），却具有强大且持久的气味。正是这神秘迷人的乳香，从远古就萦绕在人类身边，直到今天。

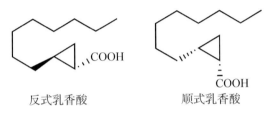

反式乳香酸　　　　　顺式乳香酸

图 1.3.4　反式和顺式乳香酸的结构

参考文献

1. Niebler J., Büttner A., «Identification of odorants in frankincense (Boswellia sacra Flueck.) by aroma extract dilution analysis and two-dimensional gas chromatography – mass spectrometry», *Phytochemistry*, 2015, 109: 66–75.

2. Cerutti-Delasalle C., Mehiri M., Cagliero C., Rubiolo P., Bicchi C., Meierhenrich U. J., Baldovini N., «The (+)-cis- and (+)-trans-olibanic acids: key odorants of Frankincense» *Angewandte Chemie, International Edition*, 2016, 55: 13719–13723.

3. Baldovini, N., Cerutti-Delasalle, C., «2-octylcyclopropyl-1-carboxylic acid and the isomers thereof, and uses of same», 2016, Brevet WO2016079431.

（尼古拉·巴尔多维尼）

波尔兹：
史海沉浮，化学一生

我以粗陋之笔描画不朽，

我竭力地美化，却只让它更为丑陋。

——伏尔泰（Voltaire），书信集第 54 封（*Epitre LIV*），1736 年

波尔兹（1758—1836），同丈夫拉瓦锡一样，对化学充满一腔热忱。两人携手并进，共同奠定了定量实验在化学中的重要地位（图 1.4.1）。

1 崭露头角

波尔兹年轻时，她的舅舅——路易十五（Louis ⅩⅤ）的财政总管——为她指定了一门婚事，对象是个年过半百的贵族。为了逃避这桩包办婚姻，她最终在 1771 年选择嫁给拉瓦锡。那一年，波尔兹年仅 13 岁，而拉瓦锡 28 岁。出身包税官家庭的波尔兹最终嫁给了同样身为包税官的拉瓦锡。她本该和那个时代的诸多贤妻一样，在丈夫的背后，默默操持着晚宴沙龙，接待名流，而她凭借着自己的聪明才智崭露头角。波尔兹通晓英语、意大利语和拉丁语，并师从法国著名画家大卫（Jacques-Louis David），潜心研习素描、绘画和雕塑。因为丈夫的缘故，她也开始接触化学一类的科学工作。要知道拉瓦锡本人并不满足于当个税务官，他对农业和冶金工业都有所涉猎，还让人在家修建了一个化学实验室。波尔兹作为一个出色的沙龙女主人，在人才济济的 18 世纪末，自然也结识了不少科学界的名流。

图 1.4.1 《玛丽 - 安妮·波尔兹与安托万·拉瓦锡》(*Marie-Anne Paulze et Antoine Lavoisier*),
大卫绘,1788 年,藏于纽约大都会艺术博物馆

彼时，在应用科学界已经颇有声望的拉瓦锡，从 1772 年以来，就一直致力于研究燃烧现象。波尔兹对此也很感兴趣，不仅从旁一点点地积累起相关知识，还成为拉瓦锡的研究助手。如果说，某知名哲学家的情妇夏特莱夫人[*]（Émilie du Chatelet），能够把牛顿（Isaac Newton）那佶屈聱牙的拉丁文翻译成优雅流畅的法语，那么，堂堂税务官之妻为丈夫翻译几篇英文论著自然也不在话下。拉瓦锡在 1784—1789 年间的诸多重大发现，都不乏波尔兹的功劳。她在 1788 年翻译了爱尔兰科学家柯万（Richard Kirwan）的《论燃素说》（Essay on Phlogiston）。以此为基础，再加上居顿·德莫沃（Louis-Bernard Guyton de Morveau），拉普拉斯（Pierre-Simon de Laplace），蒙日（Gaspard Monge），贝托莱（Claude-Louis Berthollet）和富克鲁瓦（Antoine-François Fourcroy）等一众科学家的协助，拉瓦锡最终得以成功推翻燃素论——该理论一直认为燃烧是由易燃物中存在的一种看不见的物质燃素引起的。

拉瓦锡于 1789 年发表了其最为著名的《化学基本论述》（*Traité Élémentaire de Chimie*），要问波尔兹在其中的贡献？当属那 14 幅由她亲手绘制的插图，细致地为我们展现了拉瓦锡和其团队在实验中所使用的设备工具（图 1.4.2）。德奥尔内（Jacques de Horne），富克鲁瓦和维克－达齐尔（Félix Vicq-d'Azyr）在 1789 年《皇家医学协会汇编》（*Les Registres de la Société Royale de Médecine*）中曾这样盛赞这些插画："在文末为我们带来这精美绝伦的插图之人，也为我们翻译了柯万的论文。是她真正地将文学、艺术与科学传统紧紧地联结在了一起。"

事实上，流传至今的实验草稿中遍布着拉瓦锡夫妇二人的笔迹。无论在氧的性质的研究、氢的发现还是呼吸的机理研究中，我们都能发现波尔兹的身影。另外，她还在 1790 年翻译了柯万的《论酸的强度以及中性盐中的物质构

---

[*] 即伏尔泰的情妇，她以一己之力将牛顿的《自然哲学的数学原理》（*Philosophiae Naturalis Principia Mathematica*）翻译成法文。——译者

成比例》（Of the strength of acids, and the proportion of ingredients in neutral salts）一文，发表在 1792 年的《化学年鉴》（*Les Annales de Chimie*）上。

2 折戟沉沙

　　拉瓦锡科学生涯最鼎盛的时期，被法国大革命生生葬送。1794 年 5 月 5 日，拉瓦锡和其他几位包税官一起被判处死刑，5 月 8 日便被送上了断头台。波尔兹目睹了自己的父亲和丈夫在同一天被处决，她本人也在 6 月 24 日被捕入狱，直到 8 月 17 日才被释放。这些惨痛的经历在她心中留下不可磨灭的记忆。

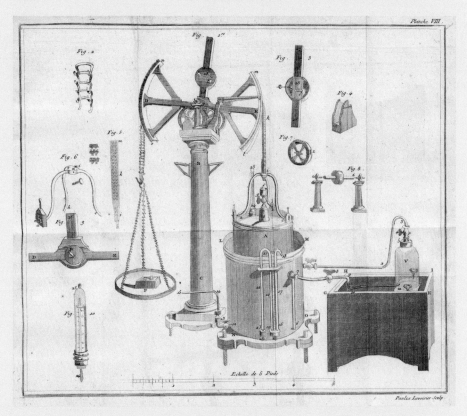

图 1.4.2　波尔兹为拉瓦锡《化学基本论述》一书绘制的插图，该书 1789 年首版于巴黎

尽管经济上一度落入窘境（等到复辟王朝她才得以追回属于自己的财产），波尔兹仍不忘为出版亡夫的研究全集而四处奔走，并不断地与那些试图贬低拉瓦锡对化学革新所做贡献的后来者们展开斗争。她将编纂完成的《化学回忆录》（*Mémoires de Chimie*）分发给那些她认为配享此作的化学家：从此，以拉瓦锡提出的原理为基石，化学在新的时代开始了飞速发展。

后来，波尔兹再婚，对象是英国物理学家汤普森（Benjamin Thompson，曾凭借在热学和光度学方面的杰出贡献于 1792 年获得科普利奖章），波尔兹也因此获得了伦福德公爵夫人的头衔。她又同往昔一样，继续在巴黎的沙龙上迎来送往，热情款待慕名而来的艺术家与学者。

最后，我们不妨用柯万的话来结束这篇追忆。他在受邀出席其中的一次沙龙后（这是一场专为向柯万致敬而举办的英式晚宴），无比敬佩地感叹道："这场晚宴，对我来说唯一有价值的，便是与波尔兹夫人的交谈。"

（阿兰·塞万）

博物馆里的分子奥秘

任何人都可弄简为繁，

而创造力化繁为简。

——小查尔斯·明格斯（Charles Mingus Jr.）

早在绘画艺术萌芽，史前人类还在岩壁上涂涂画画的时候，艺术家们就开始动起了脑筋。或是出于技术需要，或是想要呈现某种特殊的艺术效果，他们不断打磨技艺，活生生把自己练就成实打实的"化学家"。每个时代的画家，都不忘开发自己的"独门秘方"：画材、颜料、黏合剂和混合物……凭借着丰富的经验和实验，他们发展出了一套套真正的配方知识。这些"独门绝学"，无论是大方分享还是秘而不宣，都源源不断地催生着新的艺术效果、艺术风格、艺术流派，甚至发展成轰轰烈烈的艺术运动。

例如，18世纪的英国画家盖恩斯伯勒（Thomas Gainsborough）就热衷于发明创造独属于自己的创作手法，并成为其中翘楚。他生前以肖像画和乡村风景画闻名于世，被认为是一位极富创新精神的实验派画家。他独创了一种别样的"纸本绘画"，其中"风景"的画法是打造这种独特视觉效果的关键。1773年，他在写给朋友杰克逊（William Jackson）的一封信中分享了自己绘画创作的奥秘和细节：如何在纸上画油画，如何通过铅白获得特殊的绘画效果，并着重提到了如何通过将纸张浸泡在牛奶里，来减少18世纪伦敦那糟糕的空气对画面的侵蚀。信的末尾处，盖恩斯伯勒不忘添上戏剧性的一笔："向我发誓你绝不会把这个秘密告诉任何活人。"

图 1.5.1　左图：研究人员对盖恩斯伯勒的作品进行微创取样；右图：盖恩斯伯勒（1727—1788），《山坡风景与路中央的牛群》（*Hill Landscape with Cows on the Road*），约 1780 年

　　为了验证盖恩斯伯勒所言并了解这一创作手法的特性，一项新的化学分析手段应运而生。研究人员利用微粉和 PVC 橡皮（图 1.5.1），在几乎不侵损画面的情况下，从盖恩斯伯勒作品表面提取极微量的物质。随后，这些微量粉尘被溶解，方便研究人员从由有机和无机成分组成的基质中提取出黏合剂的生物分子。这种蛋白质分析的实现主要仰仗于一种特殊的酶切，它会产生具有特殊特征的肽。利用高压纳米流体系统（纳米色谱泵），这些多肽片段混合物在液相中被分离，随后被送入质谱仪中进行气相测序（图 1.5.2）。通过一系列复杂的分析流程，也就是所谓的蛋白质组学分析，科学家成功鉴定出了一种生物来源为家牛的乳蛋白，继而证实了盖恩斯伯勒的"秘方"。该项实验还引入了一个新的概念，即艺术品的分子签名，这种"化学签名"和艺术家在画作上的"物理签名"一起，成为艺术品不可或缺的一部分。

图 1.5.2　左图：研究人员正在准备用于高分辨率质谱分析的古老样本；右图：质谱测定仪的离子源

图 1.5.3　《台南地区荷兰城堡》，档案编号 09.3，清（19 世纪），佚名，藏于纽约大都会艺术博物馆，摩根（J. P. Morgan）1909 年捐赠

从艺术作品中甄别出的各种生物分子，无论是作品自带的还是后期添加的，都是一个小小的信息库，能让我们进一步了解创作的地点、历史背景，甚至能间接反映当时不同社会文明间的交流与联结，如过去的贸易线路。这方面的一个绝佳案例就是彩绘皮革壁挂（图 1.5.3），这幅彩绘地图描绘了荷兰人 1624 年左右在中国台湾沿海城市台南建造的两座堡垒。对作品中生物材料及其来源（中国或荷兰）的鉴定可以让人们了解作品的创作地以及所受的文化影响。另一案例则是对一块古埃及彩绘织物的鉴定，该织物绘于 2 世纪末至 3 世纪初，人们从中提取出了不同来源的多糖（复合糖，图 1.5.4），其中部分糖类的存在驳斥了业已存在的一些假说（如古埃及人只使用本土纯度较高的阿拉伯胶等），由此引发了一系列关于古埃及贸易线路的探讨。

图 1.5.4　彩绘木乃伊裹尸布残片，档案编号 X.390，埃及（罗马行省），公元 2 世纪末至 3 世纪初，藏于纽约大都会艺术博物馆

　　分子签名勾勒出了艺术作品自诞生以来走过的漫漫长路。借助各种化学分析工具，我们得以了解作品在漫长岁月里的保存条件与处理方法。对科普特手稿（Coptic Manuscripts）的研究就是个很好的例子。这些萨希德羊皮纸于 1910 年在法尤姆（埃及）被挖掘，最初保存于梵蒂冈。为了更好地了解该珍贵文物目前的保存状况（图 1.5.5），研究人员着手研究这些特殊羊皮纸上的有机成分，探索它可能经受的保存手法。通过化学破译蛋白质在特定部位形成的有机高分子网络以及甲醛交联的鉴定，他们得以揭示梵蒂冈为保护该羊皮纸

曾实施的一种修复方法，而该方法也是首次被公布于众。

图 1.5.5　左图：《关于基列的讲道》（ *Homily on Gilead* ），埃及，822—914 年，档案编号 MS M. 604，藏于纽约摩根图书馆与博物馆，由摩根于 1911 年购入；右图：《圣托勒密的殉道者》（ *Martyrdom of St. Pteleme* ），埃及，9—10 世纪初，档案编号 MS M. 581，藏于纽约摩根图书馆与博物馆，由摩根于 1911 年和 1912 年购入

　　一件艺术品的生物分子信息里蕴藏着创作过程中的诸多奥秘，它们不仅奠定了艺术品如今的面貌，更向我们揭示了它在时间长河里的演变，以及它的未来之姿。了解一件艺术品的复杂配方和其中化学物质的相互作用，开启了一系列重要议题的探讨，从艺术家选"材"的重要性到文明间的交流互动，无所不包。更重要的是，它有助于我们了解艺术品的脆弱性。质谱学日新月异的发展极大地丰富了人们的研究方法，拓展了大众的文物知识，助力每一个人成为更好的文化遗产保护者。

鸣谢

　　本文中的各项研究均与波齐（Federica Pozzi，纽约大都会艺术博物馆科学研究部副研究员，文物保护科学共享倡议计划）合作完成。

科普特手抄本研究与纽约摩根图书馆与博物馆附属陶文物保护中心的弗雷德里克斯（Maria Fredericks）和特鲁希略（Frank Trujillo）合作完成。

盖恩斯伯勒的作品研究由纽约摩根图书馆与博物馆附属陶文物保护中心的斯奈德（Reba F. Snyder）与泰恩（Lindsey Tyne）合作完成。

对科普特手抄本和盖恩斯伯勒作品的质谱分析属于加卢齐（Francesca Galluzzi）2017—2020 年博士论文的研究内容；研究机构为法国膜与纳米物体化学生物学研究所，及其蛋白质组学研究平台。

彩绘皮革壁挂研究与赫恩（Mike Hearn）、谢尔 - 多尔贝格（Joseph Scheier-Dolberg）、佩里（Jennifer Perry）和叶怀玲（音 Hwai-ling Yeh-Lewis）合作完成，他们皆来自纽约大都会艺术博物馆亚洲艺术部。

古埃及织物研究与莱特富特（Christopher Lightfoot）、海明威（Seán Hemingway）合作完成，两人均隶属于纽约大都会艺术博物馆希腊和罗马艺术部门；此外，博物馆纺织品保护部门的科尔特斯（Emilia Cortes）也参与了研究。

埃及绘画的分析研究由格兰佐托（Clara Granzotto）完成，她曾是纽约大都会艺术博物馆的梅隆奖学金获得者（2016—2018 年），目前就职于芝加哥艺术学院。

参考文献

1. Pozzi F., Arslanoglu J., Galluzzi F., Tokarski C., Snyder R., «Mixing, dipping, and fixing: the experimental drawing techniques of Thomas Gainsborough», *Heritage Science*, 2020, 8:85.

2. Dallongeville S., Garnier N., Rolando C., Tokarski C., «Proteins in art, archaeology, and paleontology: from detection to identification», *Chemical Reviews*, 2016, 116 (1): 2–79.

（卡罗琳·托卡尔斯基　朱莉·阿尔斯兰奥卢）

追寻"逝去"的化学

尽管我们一腔热忱，

可艺术之路漫漫，时间却如此苦短。

——波德莱尔

通过对文物进行细致分析和描述（即表征），人们得以再现过去化学家的种种实践。这种研究形式脱胎于 18 世纪末萌芽的分析化学，旨在帮助我们了解化学学科的起源和理论思想，尤其是还没被炼金术理论搅和得乌烟瘴气的早期化学。贝特洛（Marcellin Berthelot）就在他的《古代与中世纪化学研究导论》（Introduction à l'Etude de la Chimie des Anciens et du Moyen-Âge，1889 年）一文中评论道："炼金术思想让化学变得晦涩难懂，它把持了整个中世纪，并一直延续到上个世纪末。"贝特洛着重研究分析了美索不达米亚和埃及出土的金属物品，想要更好地了解不同历史时期冶炼出的合金的性质，并由此证明史前末期和整个古希腊罗马时期，冶金领域都在不断地创新。

不过，构成这些传世文物的材料成分往往十分复杂（图 1.6.1），历经时间长河的洗礼后发生了各种变化，让研究工作变得十分棘手，因此需要研究人员综合各种分析工具来进行探究。例如，想要深入理解一位文艺复兴大师绘画的创作过程，并找到更优的保存手段，就需要对其绘画时使用的颜料、黏合剂和清漆等所有的有机和无机组分进行分析鉴定。在创作艺术作品前，艺术家先要对这些材料进行加工处理，然后在创作过程中不断精心调配：这一过程充分展现了艺术家所掌握的技艺以及付诸实践的能力。

图 1.6.1　古埃及墓穴壁画描绘的制香场景，包括研磨、浸泡和烧制等过程（无名底比斯墓 TT175，埃及卢克索）

　　如今，随着化学分析技术的进步，人们开发出了更加灵敏的仪器。将这些先进仪器搭配组合，可对元素、同位素、分子结构进行细致分析，继而揭开绘画颜料之谜。为了更好地研究这些传世之宝，我们调用了几乎所有的表征方法：从大型基础研究设施（如同步辐射或中子源）到微型便携仪器（图 1.6.2），以及实验室技术（如电子显微镜和质谱）等，不一而足。这类研究具有极高的跨学科视野，在应用到具体个案时，可以帮助我们进一步揭秘，甚至重现往日的手工业、艺术实践或特定化工业的起源。下面两个案例便很好地展现了软化学的运用是如何服务于美容与艺术领域的：这类方法的特点是在室温下，利用可悬浮在水性介质中的颗粒物的相互反应，形成新化合物。

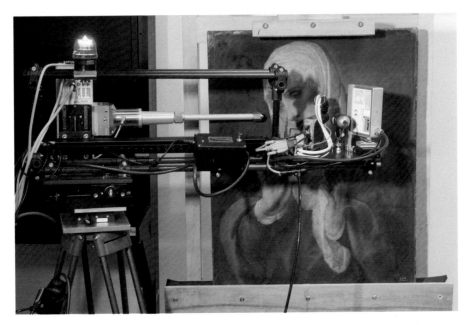

图 1.6.2　使用 X 射线衍射法分析提香（Tiziano Vecelli）在绘制油画《哀痛圣母》（*Mater Dolorosa*，现藏于马德里普拉多博物馆）时使用的颜料

　　案例一展现了一种古代眼药粉剂的制作过程。早在公元 1 世纪，迪奥斯科里德（Pedanius Dioscorides）和老普林尼（Gaius Plinius Secundus）就在《博物志》（*Naturalis Historia*）中提到这种眼药粉的存在。其中一个配方需要将一种叫"密陀僧"（即氧化铅）的物质"在研钵中研磨 6 天，每天用冷水冲洗 3 次，并在傍晚时用混合了岩盐的热水冲洗，最后再进行下一步处理"。用化学术语描述，就是氧化铅缓慢地进行转化反应，产生一种碱性溶液，这种溶液需要通过多次换水来中和处理，而多次的换水会使反应向正方向移动。用化学方程式表述，就是：

$$PbO + H_2O + NaCl \rightarrow Pb(OH)Cl + NaOH$$

　　实验室针对这一制备方法的研究表明：反应中最后产生的精细粉末实际上是羟氯铅矿（laurionite），它由一种碱式氯化铅组成，化学式为 $Pb(OH)Cl$，是一种极为罕见的天然矿物。尽管我们可以通过以水为基底的一些简单化学反应合成该物质，但合成过程既漫长又烦琐，需要极大的耐心。

图 1.6.3　a. 羟氯铅矿；b. 水白铅矿；c. 白铅矿

　　后来，人们在古埃及墓葬中也发现了羟氯铅矿，它被混在一种用于上妆的黑色粉末里，其年代远远早于老普林尼所描述的制备方法出现的时期。位于法国格勒诺布尔的同步辐射实验室对具有三四千年历史的几座古墓中的多个瓶子样本进行了研究，发现这种黑色粉末的主要成分是硫化铅，同时它也含有其他矿物质，其中就包括了羟氯铅矿（图 1.6.3a）。羟氯铅矿在自然界中很少见，埃及也没有矿床，瓶中的羟氯铅矿只可能是古埃及人合成的。可见，早在古埃及罗马时期，人们就认识到了该矿物质所具有的疗效。由于尼罗河流域的气候条件容易导致眼部感染，因此，这种化妆品还可以起到预防和治疗感染的效果。

案例二则关系到绘画史上最重要的颜料之一——铅白。从古希腊罗马时期一直到 20 世纪初，铅白都是通过将铅箔放置在装有醋的容器（包裹有肥料）上方获得的。如此条件下，铅会缓慢地被腐蚀，表面形成一种白色腐蚀物，将它们刮下后便可获得由两种矿物质小晶体构成的颜料：碱式碳酸铅（$Pb_3(CO_3)_2(OH)_2$）和碳酸铅（$PbCO_3$），俗称分别为水白铅矿和白铅矿（图 1.6.3b 和 c）。最后生成物的相对数量往往根据所使用的工艺细节的不同而有所变化。

因此，通过查阅 16 世纪初不同绘画协会的章程手册以及艺术家工作室的材料清单，我们至少可以确定当时市面上有 3 种类型的铅白：普通铅白、威尼斯铅白和安特卫普铅白粉。由于提纯程度不同，它们的品质也有所区别：在水中浸泡几天后形成的粉末可制备更细的铅白粉。这种选择方式的不同加之两种晶体变种会产生形状不同的颜料颗粒，导致不同品质的铅白会具有不同的光学特性。与白铅矿不同，水白铅矿呈薄片状，而白铅矿的颗粒是更加规则的卵形。这种形态上的区别导致颜料的覆盖能力和光散射能力有所不同。研究人员对维米尔（Johannes Vermeer）的《戴珍珠耳环的少女》（*Het Meisje met de Parel*）、提香的《哀痛圣母》或达·芬奇（Leonardo da Vinci）的《圣母子与圣安妮》（*The Virgin and Child with St. Anne*）等画作进行分析后发现，同一幅画中会使用不同的铅白。达·芬奇喜欢用富含白铅矿的颜料来描绘肤色，而剩下的部分会使用另外一种铅白。

这两个有关铅化合物的案例尤为精彩地展现了古人的智慧，他们掌握了复杂的化学工艺，为社会提供了广泛且持续的生产材料。也就是说，从古希腊罗马时期起，专门的"化学工业"就已如火如荼地发展起来了。

参考文献

1. Walter Ph., Cardinali Fr., *L'Art-Chimie, Enquête dans le laboratoire des artistes*, Éditions Michel de Maule/Fondation de la Maison de la Chimie, 2013.

2. Walter Ph, *Sur la palette de l'artiste: la physico-chimie dans la création artistique*, coll. «Leçons inaugurales du Collège de France», n° 245, Collège de France, Fayard, 2014.

（菲利普·瓦尔特）

杜马：与圣路易的
"不腐之心"

> **没有希望，就没有出乎意料。**
> **出乎意料是无从寻觅的，没有通往它的路。**
>
> ——以弗所的赫拉克利特（Heraclitus of Ephesus）

1803 年 1 月 21 日，正在巴黎圣礼拜堂高区祭坛下作业的工人发现了一个双层铅盒，盒中封存着一颗心脏遗骸。考虑到当时的条件既不适合研究分析也不方便供奉瞻仰，人们便决定将它放回原处。直到 40 年后的 1843 年，这颗心脏再次"重见天日"：这一次，它接受了来自历史学家和化学家的全方位研究。杜马（Jean-Baptiste Dumas）便是其中一员（图 1.7.1），而他的分析将起到一锤定音的作用。杜马呈递给法兰西科学院的一系列论证表明，这颗心脏的主人，极可能正是圣路易﹡本人。心脏表面包裹的防腐香脂、香料和沥青，都与中世纪的习俗相吻合（图 1.7.2）。

杜马（1800—1884）生活在 19 世纪，是一位相当特立独行的科学家，性格也十分招人喜欢。他博闻强识，学识渊博，通晓药学、生理学、化学等众多学科的知识。杜马 32 岁便当选为法兰西科学院院士。50 岁时，他被波拿巴（Louis-Napoléon Bonaparte，即后来的拿破仑三世）任命为农业与贸易部部长，随后又担任了参议员（图 1.7.3）。

﹡ 即法国国王路易九世（Louis IX），1226—1270 年间在位。——译者

图 1.7.1　达穆斯（E. Dammousse）为杜马绘制的肖像

　　机敏好学又充满创造精神的杜马，完全称得上基础化学与有机化学的奠基人之一：正是他发明了测量蒸汽密度和测定分子构成（包括醇类、醚类、元素替代法等）的方法。当然，他还有些不那么"为人所知"的研究。例如，1870 年巴黎围城战期间，他曾试图研制牛奶的替代物，可惜以失败告终。虽然杜马成功凑齐了碳水化合物、脂肪和蛋白质等主要元素，但他的"牛奶"还缺少维生素和微量元素这类决定了营养价值的东西。更鲜为人知的是，杜马还是发现精子具有生殖作用的幕后功臣之一。当时他还是个名不见经传的药房学徒，在瑞士医生普雷沃斯特（Jean-Louis Prévost）手下工作（1824年）。

图1.7.2　杜马在"圣路易之心"档案上留下的手写注释，保存于法兰西科学院档案馆

图1.7.3　杜米埃（Honoré Daumier）为杜马绘制的漫画肖像

那我们的杜马和圣路易的"不腐之心"又是如何结缘的呢？说起来，还得是他那"爱管闲事"的性格和"无所不能"的天才，让他被委以重任，和同是化学家的佩尔索（Jean-François Persoz）一道，研究起了圣礼拜堂里的圣遗物。杜马先就古壁画颜料进行取样分析，以了解中世纪的防腐手段：经其鉴定，古人会给墙壁先涂上一层镀金底漆，再辅以一层清漆。回头再看这颗心脏，其物质构成中含有中世纪防腐处理常用的植物和矿物质，杜

马据此断言，它属于古代遗物。更妙的是，他还特地留了少许样本，和私人文件一起保存在法兰西科学院档案馆中。最终，169 年之后的 2003 年，科学家对这份样本重新进行了极少量取样（包括心脏、包裹心脏的布料以及圣遗物盒子上的金属物质，图 1.7.4），分析结果证实了杜马不仅所言不假，其结论还相当精确。

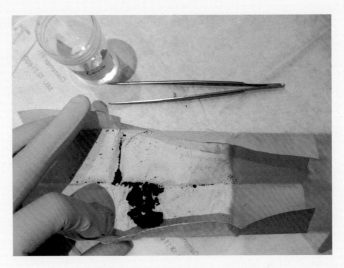

图 1.7.4　对"圣路易之心"进行取样

除此之外，杜马还是胺和蒽的发现者。他是化学家泰纳尔（Louis Jacques Thénard）的学生。泰纳尔则继承了富克鲁瓦、沃克兰（Louis-Nicolas Vauquelin）以及盖 - 吕萨克（Joseph Louis Gay-Lussac）的衣钵，他分离出了硅和硼，并确定了过氧化氢的性质；他的姓氏很可能还启发了大文豪雨果（Victor Hugo），成为《悲惨世界》（Les Misérables）里"德纳第夫妇"*的灵感源泉：这两人在童工问题上的立场大相径庭。杜马自己也有一位得意门生：大名鼎鼎的微生物学家巴斯德，1874 年科普利奖章获得者。

---

*　法语写作"Thénardier"，与泰纳尔 Thénard 的写法十分相近。德纳第夫妇是小说中的一对反派，经营着不道德的生意且虐待孤儿。——译者

参考文献

1. Paris P., *Mémoire sur le cœur de Saint Louis et sur la découverte faite à la Sainte-Chapelle*, Techener, Paris, 1944.

2. Van Tiegheim P., Notice sur la vie et les travaux de Jean-Baptiste Dumas, lue en séance publique annuelle du 16 décembre 1912, Académie des Sciences, Paris (http://www.academie-sciences.fr/activite/archive/dossiers/eloges/dumas_vol3267.pdf)

3. Charlier P. *et al.*, Scurvy complicated with specific bacterial sepsis as a possible cause of death of King Saint Louis (+1270 AD), 2021, sous presse.

（菲利普·沙利耶）

尿素小史：
从发现到测定

我已经等不及要给您再写一封信了，
因为我不需要再隐瞒我发现了尿素这个事实，
我能够在不需要肾脏的情况下制造出尿素，
无论是人的肾脏还是狗的肾脏都不需要了。

——弗里德里希·韦勒（Friedrich Wöhler）致

约恩斯·雅各布·贝尔塞柳斯（Jöns Jacob Berzelius），1828 年

1 缘起

从 17 世纪中叶开始，化学家就对尿液兴趣浓厚。背后的原因很多，而其中一个便与炼金术中"哲学之石"的概念有关，据说它能将不完美的金属转化为黄金。1669 年，德国炼金术师布兰特（Henning Brandt）在他想要转化的金属中加入了尿液提取物（尿液的拉丁语词源"aureum"意即"黄金"），但他得到的是一种可在黑暗中发光并且具有很高燃烧能力的全新物质：白磷。1737 年，埃洛（Jean Hellot）完整描述了从尿液中制备白磷的方法。同年，化学实验教师纪尧姆–弗朗索瓦·鲁埃勒（Guillaume-François Rouelle）在皇家药用植物园的课程讲演中也引介了这种方法。在尿液的成分和医用价值方面，化学家也有不少有趣的发现。荷兰植物学家、医生和化学家布尔哈弗（Herman Boerhaave）在 1733 年出版的《化学基础》（Elementa Chimiae）中提到了尿液中存在一种未知的碱性盐，"其性质和铵盐类似，但比较温和，加入油后会产生乳化效果，变

成近似于肥皂的物质"。

2 伊莱尔－马兰·鲁埃勒的发现

1768 年，纪尧姆－弗朗索瓦·鲁埃勒的弟弟伊莱尔－马兰·鲁埃勒
（Hilaire-Marin Rouelle）接替了他的职位，在布丰伯爵（Georges-Louis
Leclerc, Comte de Buffon）的任命下，成为奥尔良公爵（Duke of Orléan）的药
剂师。他的研究主要涉及黄金、钻石和矿物质水等物质。同时，他还醉心于
从动植物体内提取各种物质。与他那充满激情但有点马大哈的哥哥相比，伊
莱尔－马兰做实验时更为冷静、准确且讲求逻辑方法。1773 年，他从尿液中
分离出了"富含氮的物质"。他将其称为"尿的皂化物"，并在《医学、化学、
外科学杂志》（Journal de Médecine, Chimie, Chirurgie）上发表了他"关于人
类尿液及牛、马尿液的观察对比研究"（图 1.8.1）。伊莱尔－马兰发现，尿
液中含有大量的水以及两种可溶于水的物质，他根据这两种物质在乙醇中的
溶解度进行了区分：可溶性物质被称为皂状提取物，不可溶的则被称为提取
物，后者很可能就是尿酸。他注意到提纯后的皂状提取物可以结晶，晶体中
含有挥发性碱和铵盐。

OBSERVATIONS

Sur l'Urine humaine, & sur celles de vache
& de cheval, comparées ensemble; par
M. ROUELLE, démonstrateur en chimie
au Jardin royal des Plantes, &c.

图 1.8.1　伊莱尔－马兰·鲁埃勒 1773 年发表的文章标题

3 命名与表征：师生同心

1784 年，富克鲁瓦被布丰伯爵任命为皇家药用植物园的化学教授，并于 1793 年法国国家自然博物馆（MNHN）创立时留任。1793—1809 年，他出任该馆的首位基础化学教授。他与自己的学生，同时也是合作者的沃克兰一起研究了众多动物、植物和矿物质。自 1790 年起，富克鲁瓦就对尿液成分产生了浓厚兴趣。他在第一篇相关论文中描述了尿液的外观、气味、颜色和味道，并注意到了尿液中存在的磷酸盐、铵盐、草酸和苯甲酸等各种化合物。尿液中最丰富的成分就是前文中伊莱尔－马兰发现的"皂状提取物"，这种结晶产物在富克鲁瓦的建议下被命名为尿素。后续的论文中，富克鲁瓦与沃克兰详细阐述了尿素的特性，并给出了提纯尿素的实验步骤。他们从尿液极高的含氮量中推断出尿素的主要作用是帮助生物排出机体中过剩的氮。

4 鞭辟入里：组成与分子式

随后，在盖－吕萨克和泰纳尔等一众化学家的努力下，人们分离出了越来越纯净的尿素，大大方便其精准分子式的测定。同时，普劳特（William Prout）和贝拉尔（Jacques-Étienne Bérard）于 1817 年分离出了纯尿素，并给出了其组分的百分比，精度相当惊人。1830 年，杜马提出了十分接近的尿素分子式 $C_4H_8N_4O_2$，后来确定为 CH_4N_2O。

5 人工合成与生机说

早在 1811 年，英国化学家戴维（Humphry Davy）就合成过尿素，当时他让光气（即碳酰氯）与氨发生反应，意外得到了尿素，只是戴维没能在第一时间将其识别出来。因此，首次合成尿素的殊荣归给了韦勒。那是在 1828 年，已经掌握了氰酸合成方法的韦勒，试图通过氰酸钾和氯化铵的反应制备氰酸铵，但得到的氰酸铵会自发地异构成尿素。

$$N \equiv C—O^-K^+ + Cl^- \, NH_4^+ \rightarrow N \equiv C—O^- NH_4^+ \rightarrow H_2N—CO—NH_2$$

氰酸钾　　　　氯化铵　　　　　　氰酸铵　　　　尿素

换言之，这是人类第一次用无机化合物制造出了有机化合物！韦勒立即致信贝尔塞柳斯，宣称自己在不依靠"任何人类与动物肾脏的帮助"就成功制备出了尿素。这一发现彻底颠覆了当时流行的"生机说"（vitalism）[*]。这项创举轰动一时，堪称化学史上的一个里程碑，可以说，它标志着现代有机化学的诞生。

6 测量方法

由于最初是在人类尿液中发现尿素的，人们曾推断只有哺乳动物的尿液中才含有大量的尿素，其他脊椎动物的尿液中含量则较少。为此，福斯（Richard Fosse）首次对尿素进行了较为精确的含量测定。福斯先是完成了自己的药学学业，随后在弗里德尔（Charles Friedel）的实验室完成了博士学位（1899 年），并于 1928 年被任命为法国国家自然博物馆的特聘讲席教授。

福斯是一位独行侠，常被戏称为"科学苦行僧，夜以继日地沉浸在自己创造的化学世界中"，他的主要研究领域是呫吨醇（xanthydrol）的化学反应。据传言，每当实验失败时，福斯会将实验试剂和产物都倒入水槽中，并习惯性地

---

[*] 19 世纪中叶，生机说是人们讨论的焦点。"在生机勃勃的自然界中，元素所服从的规则与在无机界似乎截然不同"（贝尔塞柳斯，1849 年）。格利雅（Victor Grignard）在他的《论有机化学》（ Traité de Chimie Organique ）中写道："1830—1850 年间，一种堪称信仰般的教条统治着思想界。人们普遍认为，一切属于有机化学的物质，只能在生命力的作用下才会诞生，而生命力只存在于有生命的自然界，它凌驾在其他力之上，包括那些将无机元素结合在一起的力。"

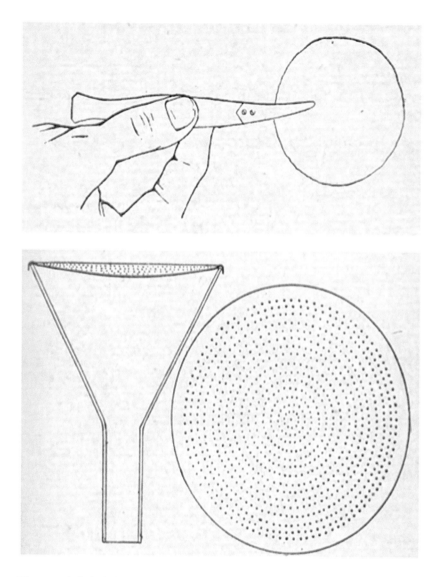

图 1.8.2　福斯提出的用于收集二黄质基脲的装置（1928 年），法国国家自然博物馆
档案

在上面尿上一泡。一天，他观察到水槽中形成了一种无色沉淀物，福斯立刻对
其进行了研究，并发表了该反应的精确制备手法。首先，需要将一定量的呫
吨醇溶解在甲醇中，随后再将一定量的尿素溶解在乙醇中，两者混合后，会在

滤纸上沉淀出透明的二黄质基脲晶体（图 1.8.2），借助某种仪器可将沉淀剥离（该仪器至今还保存在法国国家自然博物馆中）。干燥后的晶体会自动从滤纸上分离，对其进行称重后发现，相比于尿素，二黄质基脲更难溶于水，质量是前者的 7 倍，因此可以得出精确的含量测定结果。这一意外的实验发现也奠定了一种新的剂量测定法：测重法。

二萘基吡喃醇　　　　　呫吨醇　　　　　二黄质基脲

此后，人类掌握了多种测定血液和尿液中尿素含量的手法。其中包括测定尿素分解产生氮气体积的气体定量法，利用尿素与丁二酮等形成带颜色衍生物的比色法，使用脲酶将尿素转化为碳酸铵的酶法，在还原型辅酶（NADH）存在下形成 L- 谷氨酸的复杂酶法，以及光度定量法。

7 自然界中的尿素

福斯凭借着这种更为精确的尿素测定法，开始在所有生物领域中寻找尿素的存在并研究其在生物学中的作用。他发现，尿素不仅存在于脊椎动物中，还存在于无脊椎动物、植物和真菌中。他由此得出结论："尿素是植物细胞内的生理产物。"早在 1857 年，维尔（Georges Ville）在担任法国国家自然博物馆植物生理学讲席教授时，就致力于研究植物中的氮代谢，并揭示了尿素在其中的重要作用。

图 1.8.3 揭秘尿素结构的主要功臣，从左到右从上到下分别是：伊莱尔 - 马兰·鲁埃勒（1718—1779）、富克鲁瓦（1755—1809）、沃克兰（1763—1829）、福斯（1870—1949），法国国家自然博物馆档案

这一连串始于 250 年前的故事（图 1.8.3）告诉我们，尿素除了在生物学上具有重要意义外，在天然物质化学的发展中也发挥了重大作用。这些偶然发现的背后是群星璀璨的化学家，他们的不懈努力让今天的人类得以深刻地领略尿素之美（图 1.8.4）。

图 1.8.4　偏振光下的尿素晶体

参考文献

1. Kersaint G., *Antoine François de Fourcroy (1755–1809), sa vie et son œuvre*, Mém. Muséum, Paris, 1966.

2. Sannié Ch., *L'œuvre de Richard Fosse*, Arch. Muséum Nat. d'Hist. Nat., 1952, 7e série, 1: 7–15.

3. Fosse R., *L'urée*, Presses Universitaires de France, Paris, 1928.

4. Hierso J.–C., Collange E. L, «Le dosage de l'urée. Méthode enzymatique», *L'Actualité chimique*, 2002, 258: 24–27.

5. Sampson E.J., Baired M.A., Burtis C.A. *et al.*, «A coupled–enzyme equilibrium method for measuring urea in serum», Clin. Chem., 1980, 26: 816–826.

6. Jacques J., «Le vitalisme et la chimie organique pendant la première moitié du XIXe siècle», *Revue d'histoire des sciences et de leurs applications*, 1950, tome 3, n°1: 32–66.

7. Jacques J., *L'imprévu ou la science des objets trouvés*, Odile Jacob, Paris, 1990.

（贝尔纳·博多）

《沙丘》与香料：
穿越时空的分子

没了香料，帝国就会崩塌。

——弗兰克·赫伯特（Frank Herbert）

自 1963 年问世以来，美国作家赫伯特的《沙丘》（图 1.9.1）系列一直是全球最受欢迎的科幻小说之一。由此衍生的漫画与游戏数不胜数（桌游、角色扮演和电子游戏等应有尽有）。人们也曾数次将它搬上大银幕（分别在 1984 年、2000 年和 2021 年），最早的一次改编尝试是在 1975 年，不过以失败告终：要想完全呈现小说中恢宏大气且丰富多彩的世界观，必定得配上天价的电影预算。

在这部传奇巨著中，有个核心元素，叫作"香料"，也被称作"美琅脂"*。这种物质在小说中具有极其重要的地位，夺取香料是推动故事发展的主要动因之一。香料具有超凡且不可替代的能源价值，是帝国的基石：能否攫取香料对于帝国的政治经济具有重大意义。它是厄拉科斯（Arrakis）星球的特产，当地的原住民"弗雷曼人"（Fremen）称之为"沙丘"。它究竟是什么物质，小说中无人知晓。不过，书中描述的"沙丘"特性，和地球上某些天然及人造物质倒有着异曲同工之妙。

小说中，香料是由当地特有的沙虫粪便发酵而成的。它呈固体状，闻起来有肉桂特有的香气，暗示了肉桂醛（C_9H_8O：$trans\text{-}\Phi CHCHCHO$）的存在。肉

---

* MELANGE 的谐音，源自法语中的 mélange 一词，该单词的意思是"混合"。——译者

桂醛的化学构成是杜马和佩利戈（Eugène-Melchior Péligot）在1834年鉴定出来的。香料表面呈现出一种渐变色彩（蓝色、紫色或红褐色）并泛着轻微磷光，这不免让人联想到花色素苷家族中的一种天然色素；很多食用植物中都有能见到花色素苷的踪迹：常见的有茄子、红卷心菜和覆盆子等；蓝莓、黑加仑、樱桃，麝香葡萄和红酒中也有这种色素；它也是秋天树木变色的原因之一。

香料如此昂贵的价格与它的神奇功效密不可分：它不仅可以延年益寿，提高免疫力，还能刺激感官，提高认知能力，堪称一种"聪明药"。同时它也具

图 1.9.1　由波兰裔法国插画家斯德马克（Wojciech Siudmak）绘制的《沙丘》小说封面

有致幻性，让人有灵魂穿越之感或是获得醍醐灌顶般的天启，继而能更深刻地理解世界，洞穿一切并预见未来。正因如此，星际工会的领航员会利用香料来预卜先知，预判超空间航路中可能出现的致命障碍物，保障宇宙飞船安全到港。为了获得这种预知能力，他们必须长期浸淫在充满香料的氛围中。从孩提时代开始，他们吃的、喝的、抽的，甚至呼吸的都是这种物质，身体也因此发生了不可逆的突变。

书中香料所具有的效用似乎也呼应了现实中某些物质可引起的效应：包括兴奋、通灵、集体癫狂、濒死体验、昏迷和意识拓展（psychokinetic extension），等等。目前地球上存在着许许多多的致幻物质，让我们先来看看那些在宗教、神秘学或萨满仪式中广泛使用的天然致幻剂，了解一下它们的成分奥秘，以及致幻剂是如何"蛊惑人心"的。

例如，阿兹特克人常食用的幻觉蘑菇，多为裸盖菇（*Psilocybe*）或丝盖伞菌属（*Inocybe*），主要活性成分为塞洛西宾，又称裸盖菇素（图1.9.2）。亚马孙河流域众多部落的萨满巫医则会以藤本植物配制死藤水，其中的主要成分为DMT（二甲基色胺）。与DMT结构类似的蟾毒色胺和5-MeO-DMT则是一种名为yopo的烟草的活性成分。在秘鲁、巴西或加勒比地区的宗教仪式中，人们吸食这种烟草的历史已有4 000多年。在被巴西的非洲族裔统称为Jurema的宗教崇拜中，人们会使用一种含有含羞草提取物的制剂，其中起作用的主要物质是yuremamine。在大西洋的东岸，则有依波加（iboga）这种生长在加蓬的植物，常作为布维蒂教（bwiti）仪式中的汤剂：这是一种以通灵为主的疗愈仪式，用于治疗被祖先附体夺魂的族人，而依波加的活性成分就是依波加因。同时，人们也开始开发人工致幻剂。例如，霍夫曼（Albert Hofmann）于1943年在巴塞尔发现了大名鼎鼎的LSD（麦角酸二乙酰胺）。在法国，大部分致幻剂都是违禁物。在某些国家，部分与死藤水或依波加相近的物质则可合法使用，是一种较为悠久的民俗传统。

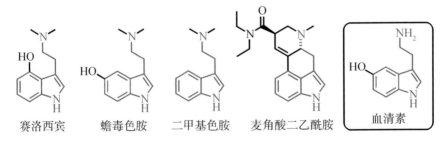

赛洛西宾　　　蟾毒色胺　　　二甲基色胺　　麦角酸二乙酰胺　　　血清素

图1.9.2　几种与血清素分子结构相近的化合物

这些致幻分子虽各具特色，但都有着相似的结构基序，即色胺基序（图1.9.2）。正是这一结构赋予了它们特定的活性，而相邻结构的变化会让其化学活性也产生相应变化。这种色胺基序也存在于血清素（5-羟色胺）中。作为一种基础神经递质，血清素在人类的情绪管理（例如幸福感、压力感、疼痛感、抑郁）、性行为、学习过程，甚至是食欲调节方面都起着重要作用。它和多巴胺正好两相对立：多巴胺则是一种与冒险和补偿相关的神经递质，其产生主要依赖定期运动和尼古丁刺激。前面提到的致幻分子都与血清素密切相关，它们可以被大脑中特定的神经递质受体捕获，然后改变人类的意识状态。

在上述所有的致幻剂中，DMT 分子是最为简单的一种。它起效很快，但和许多致幻剂一样，必须经由呼吸道吸入（吸烟、鼻吸等）而无法通过口服摄入：这与《沙丘》中可以口服的"香料"不同，因为 DMT 会被消化系统中的单胺氧化酶（MAO）迅速降解而失去活性。不过，亚马孙河流域的原住民很早就找到了解决之道：九节属（*Psychotria*）一种植物的叶子中含有 DMT，将这些叶子与其他植物，如卡披木属（*Banisteriopsis*）的一种藤本植物混合，其树皮煎成的汤剂，能用来制作死藤水。死藤水中含有骆驼蓬碱，可让消化系统中的单胺氧化酶失去活性，DMT 分子便可通过血液进入体内。可见，亚马孙河流域也好，"沙丘"帝国也罢，好好"混合"（MELANGE）才是重中之重。

死藤水和依波加被广泛地应用在某些灵修启蒙仪式中：参与者在导师的引导下学习如何（重新）看待世界，成为天启之人。在亚马孙巫术或者非洲宗教中，人们相信使用死藤水和依波加可以达到与山林、动物甚至祖先的灵魂相联结的通灵效果。这不免让人想起《沙丘》中，格塞里特（Bene Gesserit）姐妹会的修女所践行的"香料磨难"仪式。

由此可见，赫伯特是罕见的能将丰富的化学和民族志学知识融会于文学之中的作家。他成功地为《沙丘》系列虚构出了一种具有多重功效的核心物质，并围绕它展开了一段波澜壮阔的情节。这种应用广泛、形式多样的化合物堪称沙丘帝国的"万灵药"，其特殊的化学结构赋予了它强烈的致幻与兴奋效果。现实中，20 世纪 60 年代曾刮起了一阵用致幻剂来扩大认知、开启心智的风潮，社会影响十分深远。当然，现代社会已经对硬性毒品的危害有了深刻认知。不过，我们依然十分期待有一天，化学也能为人类打造出《沙丘》中"香料"那般卓越的物质。

那一天，还有多久才能到来？

参考文献

1. Herbert F., *Dune*, Robert Laffont, 2020 (nouvelle traduction).

2. Chemla F., «L'Épice, un mélange bientôt disponible?», in *Dune – Exploration scientifique et culturelle d'une planète–univers* sous la direction de R. Lehoucq, Le Belial, 2020.

3. Chemla F., «L'Épice, des molécules entre fantasmes et réalité», *Dune – Le MOOK*, sous la direction de L. Chery, L'Atalante & Leha, 2020.

（法布里斯·尚拉）

鲍罗丁：音符与化学

音乐，先于一切。

——保罗·魏尔伦（Paul Verlaine）

被戏称为"小化学家"却因音乐而闻名于世的鲍罗丁（图 1.10.1）一生都在化学与音乐这两种挚爱间徘徊。司汤达（Stendhal）曾说，"所谓天职，就是以热爱为业"，鲍罗丁最初虽以一腔热诚投身化学，最终却在音乐上成就了一番大业。

鲍罗丁 1833 年生于圣彼得堡，是个私生子。他的生父是当时格鲁吉亚的王子兼陆军将军，母亲则比父亲小了整整 37 岁。鲍罗丁对外被宣称是王子的农奴波菲里耶维奇·鲍罗丁（Porfirievitch Borodin）的儿子。后者在小鲍罗丁 7 岁时便去世了。从小，鲍罗丁便显露出了对自然科学和音乐的热爱，甚至有记录表明鲍罗丁 9 岁

图 1.10.1　俄罗斯著名画家列宾（Ilya Repin）为鲍罗丁绘的肖像，俄罗斯国家博物馆馆藏

时就创作出了一支波尔卡。童年时的鲍罗丁学习过钢琴、长笛和大提琴。少年时期，他开始出入各种音乐会并研习作曲家的曲谱。然而不可否认的是，当

时的他在管弦乐配器和作曲技巧方面的知识仍相当有限。

音乐上，鲍罗丁隶属于一个由 5 位自学成才的音乐家组成的小团体，被俄罗斯著名艺术评论家斯塔索夫（Vladimir Stassov）称为"强力五人集团"，其余 4 位分别是库伊（César Cui）、巴拉基廖夫（Mily Balakirev）、穆索尔斯基（Modest Mussorgsky）和里姆斯基－科尔萨科夫（Nikolay Rimsky-Korsakov）。这个以浪漫主义和民族主义为基调的音乐小组极力主张一种立足于民间传统并摆脱西方标准桎梏的音乐。根据他们的宣言，音乐必须奋力抵抗粗俗与平庸，且旋律与唱词必须意义和谐。在鲍罗丁谱写的 20 余首作品中，有几首脍炙人口的，如交响诗《在中亚细亚草原上》（In the Steppes of Central Asia）和《伊戈尔王》中那首著名的《波罗维茨人之舞》（Polovisian Dances）。事实上，这首曲子在鲍罗丁生前没能写完，是里姆斯基－科尔萨科夫在其去世后续写完成的。同样值得一提的还有鲍罗丁的第二号弦乐四重奏，尤其是其中那首优美动人的慢板"夜曲"（图 1.10.2）。

图 1.10.2　鲍罗丁第二弦乐四重奏，慢板乐章"夜曲"曲谱节选

鲍罗丁常戏称自己是"星期天作曲家"。与他在音乐上的无师自通相反，在科学方面，鲍罗丁接受了相当扎实的系统训练。他在 1850 年被圣彼得堡医学与外科学院录取，攻读临床医学与化学；1856 年被任命为军医院主任。

很快，鲍罗丁放弃了医学转投圣彼得堡军事医学院化学系主任济宁（Nikolay Zinin）门下，在其实验室从事有机化学研究。1859 年，鲍罗丁被派往国外进行博士后研究，为期 3 年：他先是驻扎在德国海德堡的一个权威实验室，与发现了碳四价和苯环结构式的凯库勒（August Kekulé）以及"元素周期表之父"门捷列夫（Dmitri Mendeleev）一起并肩工作。也是在那里，他遇见了自己未来的妻子。不久之后，鲍罗丁前往意大利比萨，与因健康原因在比萨疗养的妻子会合。1862 年，鲍罗丁回到圣彼得堡，并被聘为药物化学助理教授；1864 年，他接替退休的导师济宁成为教授。

鲍罗丁在化学领域的名气也是在埃伦迈尔（Emil Erlenmeyer）实验室的那段岁月里慢慢积攒起来的。那时该实验室仍处在本生（Robert Wilhelm Bunsen）的"权威统治"之下。这两位德国科学家都因以各自的名字命名了一种化学器具而为人熟知，前者的名字被用来命名一种实验室锥形烧瓶，后者则与一种著名的煤气喷嘴联系在了一起（即实验室气体燃烧器，也叫"本生灯"，不过仪器本身并不是他发明的）。

鲍罗丁主要的研究领域是醛。1861 年，他发现在碱性介质中，乙醛会发生二聚化反应（两个相同分子的聚合），生成 3 - 羟基丁醛。

$$H_3C-C\overset{O}{\underset{H}{\langle}} \quad + \quad H_3C-C\overset{O}{\underset{H}{\langle}} \quad \longrightarrow \quad H_3C-\overset{H}{\underset{OH}{C}}-\overset{H}{\underset{H}{C}}-C\overset{O}{\underset{H}{\langle}}$$

与此同时，法国科学家武尔茨（Charles Adolphe Wurtz）也在独立开展同一项研究，并将形成的分子命名为羟醛（aldol）。

鲍罗丁的比萨岁月则是在德卢卡（Sebastiano de Luca）和塔西纳里（Paolo Tassinari）的实验室中度过的。根据 1862 年《法兰西科学院院刊》（*C. R. Acad. Sci. Paris*）记载，在那里他致力于研究氟化氢钾对苯甲酰氯的化学作用，并合成了最早的有机氟化物之一苯甲酰氟，而氟元素本身要到 1886 年才被法国化学家穆瓦桑（Henri Moissan）分离出来。

在此期间，鲍罗丁还去巴黎待了几个月，并在那里结识了巴斯德和上文提到的武尔茨。在巴黎，鲍罗丁研究了溴对羧酸银的作用，也被后世称为"汉斯狄克－鲍罗丁反应"。

鲍罗丁一生都在化学与音乐间反复逡巡。他的导师济宁常责备他在音乐上浪费了太多时间，并一再重申"一心不可二用"。的确，鲍罗丁晚年在科学上没有太过丰厚的产出，但他在 1872 年帮助建立了一座女子医学院。可以说，鲍罗丁一生都在为捍卫教育的权利而奋斗。

1887 年，鲍罗丁在圣彼得堡为医学界的同事们举办了一场音乐派对。在派对进行到蒙面舞会环节时，鲍罗丁突然因动脉瘤破裂而逝世，享年 53 岁。

延伸阅读

1. Rae D., «The research in organic chemistry of Aleksandr Borodine (1833–1887)», *Ambix*, 1989, 36: 121–137.

2. Podlech J. and Fall Sick, «The composer, chemist, and surgeon Aleksandr Borodin», *Angew. Chem.* Int. Ed. 2010, 49: 6490–6495.

3. Davies P. J., «Alexander Porfir' yevich Borodin (1833–1887): composer, chemist, physician and social reformer», *Journal of Medical Biography*, 1995, 3: 207–217.

（弗朗西斯·泰桑迪耶）

化学：百年爱恨史

进步，是每个新生代对前一代人所犯下的不公。

——埃米尔·乔兰（Émile Cioran）

在 20 世纪，化学还代表着进步和现代化；它为人类带来舒适与富足的生活。到了 21 世纪，化学的形象却一落千丈：一提起化学，人们脑海里就会浮现"毒性""污染"与"公害"这样的字眼。在化学的这两副面孔之外，还得附上一层经久不衰的"神秘"面纱，这与化学是由古代炼金术演变而来的事实脱不开干系。化学是变化莫测之"化"，是出神入化之"化"，这些字眼无不让人感受到它的艰深、复杂，甚至是疯狂。"浮士德"（Faust）和"弗兰肯斯坦"（Frankenstein）这类大众熟知的流行文化符号*，又让化学从此与疯魔、狂放和不加节制这样的概念绑定在了一起（图 1.11.1）。

总而言之，化学是一门极富神秘色彩的学科，它的触角伸向我们日常生活的方方面面，因此总能一石激起千层浪，时刻挑动着大众神经，在公共舆论中引发非常矛盾的情绪。从炼金术师时代开始，化学就不断尝试融汇自然知识和技术实践，并与健康、疗愈、财富和繁荣这样的字眼紧紧联系在一起。化学作为一种"人工的艺术"逐渐在人类文明中赢得了一席之地并声名远播。中世纪时，试图在实验室炼出黄金的术士遭到经院哲学的打压嘲讽，后者认为所有人类造物都不过是对自然的拙劣模仿。但炼金术师并不气馁，他们和工程师一样，一直致力于宣传并肯定技术的价值，认为其是对自然界的一种有效补充。

---

* 这两个文学作品主人公都是悲剧性符号，他们皆因过度追求知识，忽略道德层面的制约而导致了灾难性后果。——译者

从那时起，化学家从未停止过捍卫和钻研人类技艺，希望有朝一日能为其正名。事实上，早在人工合成物迅猛发展的时代到来之前，化学就已经和"仿制品"（fake）一词捆绑在一起了，而在 18 世纪，这个词并不包含任何贬义，正是在那个时代，人造苏打和明矾开始逐步取代自然提取物。化学家开始被视为能引领国家走向经济繁荣的关键人物，化学则成了一门符合公共利益的重要学科，在学术领域获得了前所未有的重视、培养和宣传。启蒙时代堪称一个小小的化学黄金时代：王公贵族们招纳贤士，资助研究，大大小小的化学爱好者竞相发明创造，尤其是女性也积极投身化学实践，自主发明生产各种化妆品和清洁用具。

19 世纪，合成化学的兴起再度唤醒了"炼金术师"的雄心壮志，他们想要和大自然一决高下，甚至想要在自己的实验室中创造出生命。德国化学家韦勒于 1828 年合成尿素的创举就印证了这股浪潮。这项实验被认为是彻底终结了人们对"生机说"这一形而上力量的普遍信仰，也就是说，有机化合物并不需要所谓"生命力"的介入便可通过化学反应合成，尽管实验本身并不能直接证明"生命力"不存在，但它那划时代

图 1.11.1 《化学世界中的人：化学工业的贡献》（*Man in a Chemical World: The Service of Chemical Industry*），索德斯顿（Leon Soderston）著，莫里森（A. Cressy Morrisson）绘制插图，纽约斯克里布纳出版社，1937 年；私人收藏

的意义已不言而喻。贝特洛则更加异想天开，沉浸在自己的化学美梦中无法自拔，他这样畅想 2000 年的世界：

> 到那时，世界上再无农业，亦无牧民和农夫，人们不必再依靠土壤和耕作来喂饱自己，化学将解决一切生存问题。不再有煤矿、不再有地下工业，换言之，也不会再有矿工大罢工了！

如今看来，合成化学既没有取代农业也没能废除煤炭开采，甚至还平添了一项石油开采，但这并不妨碍化学家前赴后继地想为人类生存难题带来解决之道。化肥一度被认为可以终结全球饥饿问题，高分子合成材料能给所有人带来健康、舒适的生活，促进经济繁荣发展。但别忘了，化学工业也通过制造有毒气体为战争推波助澜。"一战"后，得益于各种广告说辞，尤其是杜邦公司那鼎鼎有名的宣传语：

图 1.11.2　20 世纪 50 年代的广告

"Better things for better living through chemistry"（好产品好生活，尽在化学），人们逐渐淡忘了化学曾和死亡相关联。通过各种广告宣传和营销，尼龙丝袜、特百惠水杯和福米卡材料摇身一变为当代女性的象征。随后，塑料掀起一股席卷世界的新浪潮，它不仅广泛地打入了人类生活起居空间，还被应用于各种高科技产品的制造。赛璐珞和贝克莱特（两种早期塑料，图 1.11.2）大放异彩，塑料曾为人诟病的种种缺点，如今反倒变成了一张张王牌：它们廉价或是略显粗制滥造的外观，变成一种可为所有人所拥有的奢侈，甚至成为民主化的推动力量。它们大规模的生产模式可以有效对抗经济衰退。塑料使用起来轻便灵活，这种可"塑"性深受当时公共空间和艺术文化产业的青睐，顺带成就了一种无比推崇灵活、多变，甚至有点虚荣意味的美式生活方式。"塑料时代"这一表达很好地展现了这一单纯的材料属性如何渗透到我们生活和文化的方方面面。合成材料来势汹汹，甚至一度占据了艺术表达的前沿阵地。

诚然，自 18 世纪起，人们已对化工厂制造的污染发出抗议，并警告化学发展可能带来的意外损害。但在这股热潮下，不和谐的声音渐渐被掩盖。化学公司的强势加之众多民众受益于化工产业提供的就业机会，让批评反对的声音慢慢销声匿迹。没有人能撼动当时人们对科学进步的坚定信念。巨大烟囱喷出滚滚浓烟的画面一度被视为欣欣向荣的象征。热火朝天的大规模生产被当成是衡量一个民族文明程度的重要标尺。

20 世纪 60 年代，随着卡森（Rachel Carson）用寓言的手法揭露杀虫剂 DDT 对环境的影响，这种技术乐观主义开始崩塌。在《寂静的春天》（Silent Spring）一书中，她描述化学如何因为缺乏判断力和对自然的关爱而陷入与自然为敌的状态。她向我们展示了为对抗虫害而发明的农药如何造成了比虫害更严重的危害。尽管化学行业不惜成本地在报纸和电视上铺开宣传，诋毁卡森，但她的书还是大获成功，引发了一场社会运动并最终导致 DDT 被禁用。

当卡森笔下的杀虫剂危害逐步上升到整个消费经济模式和过度资源浪费时，化学"自然之敌"的形象就变得更为根深蒂固了。从此，化学和它以石油为基础创造出的大众消费品被冠上"掠夺者"的罪名。它们使用寿命短、用途单一且被随意丢弃。一系列工业生态运动开始对这种"牛仔经济"发起诉讼，认为这种经济模式过度开采，对剩余资源量毫不关心。其中，首当其冲的就是化学生产：大量的有毒物质被排放到大气和河流中，垃圾与日俱增、随处可见。再一次地，化学成为众矢之的，变成了打击和管制的对象。

　　被神化也好，被妖魔化也罢，化学始终是一门备受民众关注的学科，并与经济发展和人类福祉密切相连。当化学率领着麾下数以千计的分子进军制药、军事、农业和工业领域时，也培植了影响着整个社会的价值观。无论如何，化学产品从来都不是一元的、中性的：在物质层面上，化学产品作用于自然世界，它既能改善我们的生活环境，也能一举破坏它；在文化层面上，化学也深刻影响着人的精神世界，它可以激发人们的热情，让人欢欣鼓舞，而伴随这一切的，还有同样强烈的恐慌和抗拒。

参考文献

1. Bensaude-Vincent B., *Faut-il avoir peur de la chimie?*, Paris, Seuil, coll. «Les empêcheurs de penser en rond», 2005.

2. Berthelot M., *Discours au banquet de la Chambre Syndicale des Produits Chimiques*, le 5 avril 1894. http://archeosf.publie.net/la-chimie-de-lan-2000-discours-de-marcellin-berthelot-1894/

3. Meikle J.L., American Plastic. *A Cultural History*, 1995, New Brunswick : Rutgers University Press.

4. Le Roux Th., Jarrige Fr., *La contamination du monde. Une histoire des pollutions à l'âge industriel*, Paris, Seuil, 2017.

5. Boudia S., Jas N., *Gouverner un monde toxique*, Versailles, Quae, 2019.

（贝尔纳黛特·班索德－樊尚）

2

洞察自然，
守护环境

◀

图 2.0　新喀里多尼亚潟湖里的热带海绵；该照片由 IBANOE 研究项目拍摄，该项目旨在确定海洋中人类活动输入物（重金属、营养物质）以及海洋食物链功能的新指标，以推进海洋科学研究工作并保护沿海生态系统

植物生存大作战

大多数人如同植物一般，
有着不为人知的隐藏面，
不经意间才被发现。

——拉罗什富科

达·芬奇常说："去自然中学习领悟吧！"是的，并非只有植物学家才懂得欣赏植物的大千世界。细心观察，你也一定会被植物强大的适应能力以及保护自己不受外敌侵害的巧妙机制震撼（图 2.1.1）。

例如，有些植物不仅可以在重金属超标的污染土壤中存活，甚至还能将剧毒物质固存在其叶片之中。换言之，它们为人类解决土地污染问题提供了更为开阔的思路。在"适者生存"方面，一些植物"脑洞"之大开，"行事"之疯狂，远超人们想象。为了更好地理解这些疯狂植物的生存奥秘，我们有必要从分子角度，也就是从化学层面，好好探究一番。

1 疗伤绒毛花：不走寻常路的豆科植物

疗伤绒毛花（*Anthyllis vulneraria*）是一种让人啧啧称奇的植物，它是为数不多能够在高度污染的土地里茁壮生长的豆科植物。疗伤绒毛花最初是在法国加尔省雷阿维尼耶尔附近的废弃矿场上被发现的（图 2.1.2）。那一带土壤中的锌、铅和钙元素含量是欧洲标准所允许范围的 500—800 倍。理论上来说，没有植物能在这种污染程度的土壤中存活下来。然而，疗伤绒毛花不仅成功生存下来，还能在其体内聚集浓度高得惊人的锌，是人类迄今为止所知的最大锌超积累植物（hyperaccumulator）之一。

图 2.1.1　面对各种自然侵害，植物各有生存妙招：a. 厚叶梅鲁木（*Maerua crassifolia*），一种生长于撒哈拉沙漠地区的树；b. 生长于纳米布沙漠的象腿树（*Moringa dronhardii*，又名"瓶树"），图中为其开花状态，它会将水分储存在树干里；c. 非洲的一种豆科植物 *Leonardoxa africana* 会吸引蚁群栖息于其中空的茎秆，保护自己免受植食性昆虫的侵害；d. 长期处于强风环境中的树培养出了强大的根系以提供稳定性；e. 纳米布沙漠里的大戟（*Euphobe*）生长在岩石的缝隙中，缝隙能够捕捉并贮存来自海洋的水汽，为植物提供水分；f. 疗伤绒毛花，生长在废弃矿区被有毒矿物严重污染的土壤中

锌在叶片中
超量积累

图 2.1.2　雷阿维尼耶尔矿场中的疗伤绒毛花，它可利用自身系统提取锌离子

2 小小细菌化身"大化学家"

豆科植物在农业上具有十分重要的意义。它们可以利用根瘤菌产生的天然肥料（铵）为土壤增肥。根瘤菌就像一座座小化工厂，在寄主植物（图2.1.3）的根瘤中全速运转，将空气中的氮还原为铵。这种在人类实验室中很难实现的化学反应，对这些土壤细菌来说却易如反掌。不过该化学反应的"能量成本"很高：每还原一个氮分子需要消耗16个ATP（三磷酸腺苷）分子。

$$N\equiv N \xrightarrow{16ATP} 2NH_4^{\oplus}$$
氮气　　　　　　铵
（化肥）

图 2.1.3　疗伤绒毛花根瘤中的根瘤菌可以将氮还原为铵

正因如此，疗伤绒毛花就更让人刮目相看了。其根系中的根瘤菌往往需要大量葡萄糖作为能量来还原氮，当地矿区土壤中的葡萄糖含量却十分低下。因此，疗伤绒毛花眼前横亘着两大挑战：在营养匮乏的土地里寻找葡萄糖，同时还得在富含重金属的有毒土壤环境中存活。

为了揭开它们的生存之谜，我们需要从表型、基因型和代谢3个角度对根瘤菌进行分离和研究。研究结果让人大开眼界：科学家发现了两种前所未闻的新菌种——耐重金属中慢生根瘤菌（*Mesorhizobium metallidurans*）和耐重金属根瘤菌（*Rhizobium metallidurans*）。

疗伤绒毛花与根瘤菌间的共生关系是通过漫长的共同演化形成的，这种共生对于豆科植物来说可谓获益良多。它可以利用根瘤菌所产生的铵，来合成自己所需的氨基酸和蛋白质。作为交换，豆科植物可以通过光合作用生成葡萄糖，给根瘤菌供养。在较为极端的生存环境中，这种共生关系会变得更为迫切，共生条件也更为严苛。疗伤绒毛花就掌握了如何通过识别信号来寻找自己的两个共生小伙伴。这种特殊的"相认"本质上也是一种化学作用。根瘤的形成，最初依靠的便是根瘤菌和豆科植物之间特定的分子辨识。原本在土壤中自由生活的根瘤菌能识别自己的寄主植物。这种识别的第一步就是细菌受体和植物中的黄酮类化合物之间的相互作用；也就是说，植物根毛细胞会释放出黄酮类化合物，这些分子会与细菌表面的受体相互作用，连带产生一系列反应，诱导细菌表达出 *nodD*（结瘤）基因，并编码出同名的蛋白质——nodD蛋白质分子。nodD蛋白质和黄酮类化合物互相结合形成一种分子结构，像信使一般发出信号，诱导植物根毛先部弯曲，根瘤便开始形成了（图2.1.4）。该初始阶段对于构筑以固氮为目的的共生关系非常重要。

这套识别过程具有明确的结构特异性：疗伤绒毛花诱导生成的黄酮类化合物，只要发生哪怕一丁点儿的结构变化，都可能完全抑制共生关系的形成。要知道，识别过程中的这种化学选择是一种很重要的保护机制，可以防止不良细菌的入侵。

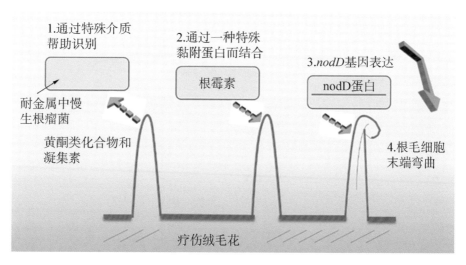

图2.1.4　疗伤绒毛花与根瘤菌的分子对话

成功适应了极端环境的耐重金属中慢生根瘤菌和耐重金属根瘤菌可被视

为嗜极端菌。它们生存、繁衍背后的化学与生理机制必然非常特殊，才能对抗如此严峻的生存环境。那么问题来了，在细菌生物多样性极低的环境中，它们又是如何存活下来的呢？

3 葡萄糖之战

实际上，这两个菌种都显示出特异的代谢过程。研究人员从分子层面对耐重金属根瘤菌进行了细致研究。他们通过提供极少量特定糖分的培养基对该菌种进行了繁殖测试。测试表明，这两种细菌使用的不是传统的糖酵解途径，而是一种叫作"恩特纳-杜多洛夫途径"（Entner-Doudoroff pathway，也称 ED 途径）的罕见糖酵解途径来争夺土壤中的葡萄糖。传统糖酵解途径依赖葡萄糖的磷酸化，是一种缓慢且可逆的反应（图 2.1.5），而 ED 途径可借助氧化反应让葡萄糖迅速且完全地转化成葡糖酸内酯从而省去了磷酸化这一步（图 2.1.6）。因此，耐重金属根瘤菌可以更快速、更彻底地占据土壤中少量的葡萄糖，相比于依赖传统

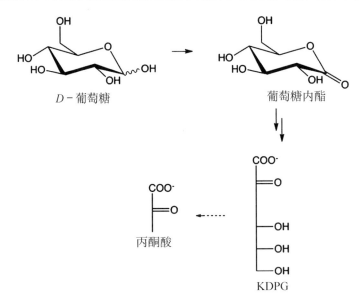

图 2.1.5　葡萄糖降解的代谢途径

途径的细菌，它们在速度上更具优势，从而一举赢下这场"葡萄糖之战"。

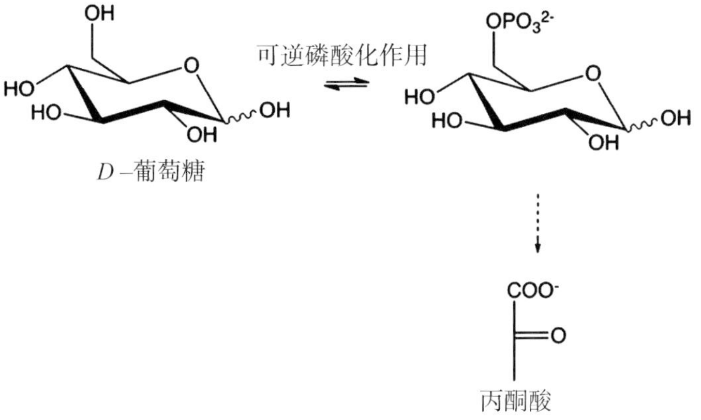

图 2.1.6　葡萄糖降解的代谢途径

　　葡糖酸内脂先分解成一种叫作 2-酮-3-脱氧-6-磷酸葡糖酸（KDPG）的特殊中间体，随后进一步分解成丙酮酸（图 2.1.5 和图 2.1.6）。KDPG 只可能由 ED 途径反应合成，不会在细胞任何其他地方出现。因此，如果我们想要促进疗伤绒毛花的生长以滋养土壤并去除其中的锌元素，那么我们大可用 KDPG 去喂养耐金属根瘤菌。只是，我们还没能掌握，或者说，还不能工业制备出这种分子。不过，科学家已经可以利用 D- 苏糖制备 KDPG，且产物是对映体。KDPG 在微生物实验中的应用，显示出它是一种可以促使耐金属根瘤菌增殖的选择性刺激剂，从而能间接促进疗伤绒毛花的生长（图 2.1.7 和图 2.1.8）。正是这些研究，让雷阿维尼耶尔采矿场的首个生态修复计划成为可能。

　　如此一来，疗伤绒毛花不仅因其超高的锌积累能力成为人类提取锌元素的重要来源，其农业潜力也不容小觑，它不仅拥有丰富的生物量，其根系系统还大大增加了土壤中的有机氮物质，继而提高了土壤肥力。除此之外，得益于疗伤绒毛花，另一种锌超积累植物天蓝遏蓝菜（*N.caerulescens*）在这片"不毛之地"重新生长。时至今日，大自然已逐渐夺回了这块矿区的主导权，其他更为常见的植物也开始在这里安营扎寨，茁壮成长（图 2.1.9）。

图 2.1.7　培植疗伤绒毛花：接种葡萄糖喂养 　图 2.1.8　培植疗伤绒毛花：接种 KDPG 喂养
的细菌　　　　　　　　　　　　　　　　　的细菌

- 对植物有害的土壤

- 5 000平方米的混合
  种植面积

- 36 000株天蓝遏蓝菜

- 11 000株疗伤绒毛花

图 2.1.9　高污染矿区土壤恢复计划的可行性首次得到验证：混合种植成功两种锌超富集植
物——疗伤绒毛花和天蓝遏蓝菜

　　疗伤绒毛花在提取和储存锌方面展现出的巨大潜力，加之未来已经可预
见的锌短缺，让它们成为一座对人类来说弥足珍贵的锌元素天然宝库。疗伤
绒毛花也被看作是开发植物源锌催化剂的起点，开启了人类利用超积累植物
作为催化剂的广阔研究领域，这种植物源催化剂很有可能取代来源于矿物或

冶金的传统催化剂。

　　综上不难看出，自然、生态和化学等不同领域知识技能的相互融合，让人类有望从分子层面为全球严峻而棘手的环境问题带来新的解决方案。因此，我们需要不断开拓创新、融会贯通，协调跨学科方法，将生命科学和生态科学有机地联结，取长补短，共同应对环境挑战。

参考文献

1. Grison C., «Combining phytoextraction and ecocatalysis : an environmental, ecological, ethic and economic opportunity», *Environ. Sci. Pollut. Res.*, 2015, 22: 5589−5698.

2. Vidal C., Chantreuil C., Berge O., Maure L., Escarre J., Bena G., Brunel B., Cleyet-Marel J.-C., «Mesorhizobium metallidurans sp. nov., a novel metal−resistant symbiont of Anthyllis vulneraria growing on metallicolous soil in Languedoc, France», *Int. J. Syst. Evol. Microbiology*, 2009, 59: 850−855.

3. Grison C.M., Petit E., Dobson A., Grison C., «Rhizobium metallidurans sp. nov., a symbiotic heavy−metal resistant bacterium isolated from the Anthyllis vulneraria Zn−hyperaccumulator», *Int. J. Syst. Evol. Microbiology*, 2015, February 20.

4. Grison C.M., Renard B.L., Grison C., «A simple synthesis of 2−keto−3−deoxy-Derythro−hexosonic acid isopropyl ester, a key sugar for the bacterial population living under metallic stress», *Bioorganic Chemistry*, 2014, 52C: 50−55.

5. Hunt, A.J., Matharu, A.S., King, A.H., Clark, J.H., «The importance of elemental sustainability and critical element recovery», *Green Chem.*, 2015, 17: 1949−1950.

6. Deyris P.A., Grison C., «Nature, ecology and chemistry : an unsual combination for a new green catalysis, ecocatalysis», *Curr. Opin. Green Sustain. Chem.*, 2018, 10: 6−10.

（克劳德·格里松）

海洋的"肌肤"

地球像橙子一样蓝。

——保尔·艾吕雅（Paul Éluard）

从宇宙中俯瞰，我们的星球是蔚蓝的，因为地球表面 70% 的面积都被海洋覆盖且海洋的平均深度达到了 3 730 米。如此巨大的液态水储量哪怕放眼整个已知宇宙也是非常独特的存在（图 2.2.1）。地球上的水有不同的形态：气态、固态或液态。水可以是纯净无杂质的，也可以与各种物质结合，比如海水就是一种盐水，而这种盐度正来自海水中的众多离子，尤其是氯离子和硫酸根离子，它们同时也是海洋生物赖以生存的营养物质。

图 2.2.1　从太空中看到的地球

海洋吸收了大约一半到达地球的太阳辐射，并通过洋流重新分配这些能量。考虑到海水质量带来的惯性作用，海洋的反应速率比起每日变化多端的大气层要缓慢许多：看看时刻刷新的天气预报就知道了。不过，了解海洋和大气之间的相互作用对于我们深入理解人类所面临的全球大气变化有着重要的意义。海洋和大气之间交换的不仅是能量，还有物质：只要在海滩上稍作停留，就能感受到扑面而来的海洋飞沫。海洋无时无刻不在用一种更为分散和隐秘的方式释放着大量挥发性有机化合物。这些化合物很大一部分是海洋生物活动的产物。

海洋可以吸收太阳能并制造洋流，但这一切和化学又有什么关系呢？这就不得不从海洋表面的一系列化学过程开始说起，尤其是油膜。这个词起源于古希腊，当时的人们经常往海中倾倒油：因为水油不相容，油便会漂浮在海面上，形成一层舒缓稳定的薄膜。直到很久之后，随着富兰克林（Benjamin Franklin）和雷利（J. W. Rayleigh）的进一步研究，人们才开始对油中的表面活性剂的作用和性质有了更为深入的了解。富兰克林在 1773 年证实，仅一小滴油就可以扩散至很大的一片面积；雷利则证明了这种有机层可以非常非常薄。其中需要特别注意的一点是，表面活性剂是一种具有两种截然不同化学特性的分子：一部分喜欢水，另一部分讨厌水。当它们被倾倒在水表面时，便会自我排列与调整，使每个部分都与其喜欢的介质接触，从而在空气／水接触面上形成一层细小的分子薄膜。

海洋表面时不时会被一层极薄的表面活性物质覆盖。它们多是各种海洋微生物生活史的产物，积累形成一层像海洋"肌肤"那样的海洋表面微层。这个表面层一般只有几十微米的厚度，呈现出与较深海域明显不同的特征。化学分析显示，其中富含来自海洋生物群（其所有生物集合）的有机化合物，如脂肪酸、酯类和脂多糖等，这些都是公认的具有表面活性的物质。

海洋表面微层广泛地覆盖于海洋，它的存在与海洋生物活动和风息息相关。气象波动引起的大浪往往会导致表面层与较深的水体混合在一起。不过，不要小看这薄薄的几十微米，只要风速维持在 40—60 千米 / 小时的范围内，表面层就可以稳定生成，控制和调节着海洋和大气之间的多种交换。

这种调控可以是物理层面的，比如减缓海水的蒸发；也可以是化学层面的，例如防止气体与海水中的潜在反应物直接接触。实际上，臭氧分子可以与海水中的溴、碘离子快速反应，但其仅与含有不饱和度的分子（碳－碳双键）发生臭氧解。因此，海洋表面微层会调节臭氧与海洋之间的化学反应，进而减少大气中的臭氧含量。

海洋这层复杂的"表皮"还具有一些意想不到的化学性质。例如，海水呈现出的不同色泽，正是因为海洋表面层的组织成分可以吸收太阳辐射，从而诱导一系列丰富和复杂的光化学反应：那些被激发的分子会处于更高的能量状态，因此可以开辟新的反应途径。与传统大气光化学中往往需要紫外线辐射来打破化学键（光解）不同，海洋的光敏反应过程可以由整个太阳光谱开启。

一种非常特殊的情况就这样应运而生，海洋表面形成了一个富含各种有机分子且反应活跃的薄层，在弱风环境下，这一表面层会演变为强烈的光化学反应场所。

这些反应也会导致海洋表面层中的元素或是那些试图穿越表层的元素发生化学转化。它们会从参与反应的物种中夺取氢原子，再添加进氧分子来形成复杂的过氧化物。这些过氧化物会再度非常快速地反应，形成许多次级产物（图 2.2.2）。海洋表面微层的这种富集浓度足以让复杂的分子互相反应，这在深层海域稀释的水体中是不可想象的。

综上所述，海洋和大气之间的交换过程会受到化学反应的影响。这些化学反应往往活跃在仅几十微米厚的海洋表面微层之中，它通过光的作用开启一系列生物源化合物的转化反应。后者随后会被排入与海洋化学环境完全不同的大气中，并经历一系列其他氧化循环，生成挥发性极低的产物。这些产物有助于形成悬浮在空气中的颗粒，也就是气溶胶。最后，这些颗粒将作为凝结核形成云，从而进一步影响气候。

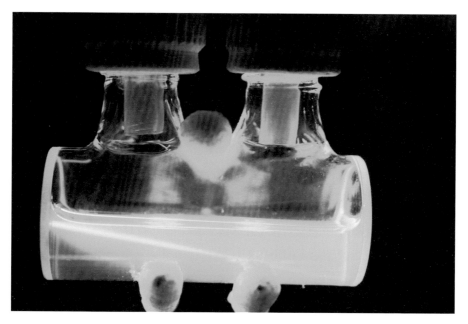

图 2.2.2　科学家在实验室人工再现海洋表面微层在太阳辐射下发生的变化：通过在水相中观察到的浑浊现象，即绿色激光下可见的胶束，证明了在太阳辐射下，该层中的脂肪酸产生了新的光化学产物

　　至此，我们不得不惊叹，海洋表面微层竟如此深刻地影响着我们的环境。

（克里斯蒂安·乔治）

云的化学妙趣

云，恰若天之思索、遐想和梦魇。

——儒勒·列那尔（Jules Renard）

曾几何时，云端被认为是众神的居所，后又因其丰富优雅的造型为世人所欣赏描摹，但直到 19 世纪，云才开始成为科学研究的对象。尽管时至今日，云依然教人心驰神往，但人们也逐渐认识到云中其实蕴藏着极其丰富的化学变化，如同永不停歇的巨型反应堆。云的构成相当复杂：它同时拥有气相（空气）和液相（小水滴）两种相态（图 2.3.1）。各相中都含有大量的化合物。云体中的化学物质大多直接源自地表，是自然活动（植被生长、火山喷发、海洋运动……）或人类活动（工业生产、农业生产、煤烟排放……）的产物。这些化学物质可在气相或（和）液相环境中发生化学反应，也可以在两种相态间迁移。

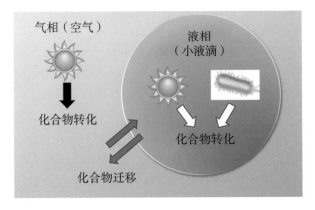

图 2.3.1　云化学过程简图：在阳光的作用下，气相（空气）和液相（小液滴）中的化合物会发生转化或在两种相态间迁移；微生物也可以帮助液相中的化合物进行转化

　　直到最近，人们都还认为这些化学反应主要是由太阳光引起的。阳光有利于自由基的产生，而后者又是一种极其活跃的化学物种。其中的羟基自由基，又称"大气的清洁剂"，是云体中化学活动的主力军。云中绝大部分的化学反应会生成越来越小同时含氧量越来越高的分子，直至最后生成二氧化碳。其余的则会形成一些低聚物，即一种由较少的重复单元连接而成的分子。

　　一直以来，许许多多的科学团队都致力于破解云的化学变化，而时至今日，人类依然无法完整呈现云体里蕴含的所有化学反应，更何况其液相中近80%的化合物还尚未摸清。15年前，人们在云滴中发现了微生物（细菌、酵母菌、真菌等）的存在，情况变得更加扑朔迷离，因为这些微生物也极有可能参与化学分子的转化过程。

　　微生物经由地表（海洋、土地、植被）排入大气，而风在其中发挥了重要作用。风扬起尘沙或卷起海洋飞沫，加速了气溶胶的形成。微生物会在大气中游荡1—10天，后又通过降水或干沉降的方式落回地面。在温度、压强和湿度等条件合适的情况下，微生物的表面也可凝结水分而形成小水滴，化为云的一部分。若能采集到这些云滴，鉴别云滴中的微生物，并进行进一步的培养和研究，我们便能更清楚地了解微生物是如何作用于云中的化学反应的（图2.3.2）。

　　和所有的生物一样，微生物也是通过酶来转化分子。酶中富含蛋白质，可以起到化学催化剂的作用（也被称为生物催化剂）。例如，人体中的酶可以将食物中的复杂分子（如蛋白质、碳水化合物和脂质等）分解成较小的分子（糖、氨基酸、羧酸等），这些小分子被其他酶继续转化直至形成二氧化碳和其他生物量。现在，研究人员证实了云中的微生物可利用大气水分中的某些分子作为碳源，帮助形成二氧化碳或其他生物量。

　　目前，关于这类微生物作用的初步研究主要集中于构成云滴的常见化合物，例如甲醛、甲醇、羧酸（甲酸盐、醋酸盐、草酸盐、琥珀酸盐、丙二酸盐）等。研究人员发现，这些化合物的生物转化途径（也叫代谢途径）和在阳光影响下

图 2.3.2　在海拔 1 465 米的多姆山顶峰，法国克莱蒙费朗地球物理观测站借助一种叫"云滴收集器"的科学装置，在无菌条件下采集云中的水滴样本；该样本被放入细胞培养皿中，其中的微生物繁殖形成彩色菌落，科学家从中辨别出了近 1 000 种微生物；该样本被保存在克莱蒙费朗化学研究所，是世界上独一无二的藏品

观察到的转化途径（光转化）通常非常接近。它们往往会经由同样的化学媒介最终产生二氧化碳。图 2.3.3 所展示的便是含单个碳原子的化合物所经历的转化链。研究还表明，这些微生物可以将过氧化氢转化成水和氧气，这个发现格外重要，因为过氧化氢是羟基自由基的主要来源，而后者是构成云中大量自由基反应的基础物质。因此，微生物可以大大弱化这类化学反应的影响。

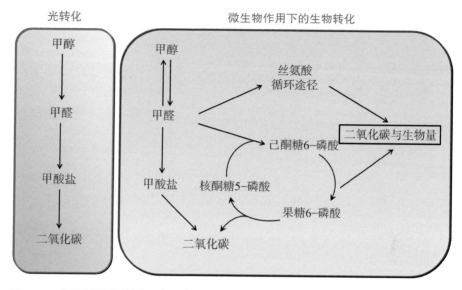

图 2.3.3　含单个碳原子的分子（甲醇、甲醛、甲酸盐），其光转化和生物转化途径十分相似

　　要全面了解云的化学构成及其蕴含的化学反应，关键的一环是弄清生物转化和光转化途径间的相互影响。利用"光－生物反应器"所进行的一系列实验，我们得以模拟出实际云层中的低温和光照环境。目前，有两种方法可以测得云中分子生物降解和光分解的速率：一是将云中的微生物引入一种结构相对简化的"人造云"中；二是直接使用从云中获取的水滴样本，它是唯一能真实还原云中的生物多样性和完整化学结构的样本。实验结果表明，云中生物降解和光降解速率几乎一样，因此两者间不断地相互角力。类似的方法还应用在了大气污染物的转化研究上，例如毒性很强的苯酚，实验结果同样显示出生物降解和光降解在速率上的竞争关系。

　　因此，在纯粹的光化学转化之外，微生物引导的化学反应也对云滴中的化合物转化做出了很大的贡献。当然，再严谨细致的实验也无法完美呈现出云中复杂的运作机制：那里有着成千上万大小不一的液滴，像一个个微型化学反应堆一般与周围大气不停地相互作用着。此外，由于云的类型及其动力学特征的不同，加之复杂的气象因素，促成其内部分子转化的化学过程也千变万化。目前，只有通过数字模拟模型才能量化生物降解机制和其他降解机制间的影响关系。然而，还没有任何一个现有模型在模拟中将生物过程纳入考量。因此，在未来几年，把生物因素融入这些模型将成为研究的关键。

除了满足人类一直以来对云的好奇心，学习了解云中的化学奥秘还能帮助我们更好地诊断大气健康状况并更准确地预测气候变化。

参考文献

1. Delort A.-M., Vaitilingom M., Amato P., Sancelme M., Parazols M., Laj P., Mailhot G., Deguillaume L., «A short overview of the microbial population in clouds: potential roles in atmospheric chemistry and nucleation processes», *Atmospheric Research*, 2010, 98: 249-260.

2. Vaïtilingom M., Deguillaume L., Vinatier V., Sancelme M., Amato P., Chaumerliac N., Delort A.-M., «Potential impact of microbial activity on the oxidant capacity and organic carbon budget in clouds», *Proceedings of the National Academy of Science USA*, 2013, 110: 559-564.

3. Delort A.-M., Deguillaume L., Mailhot G., «Les micro-organismes, acteurs de la chimie des nuages?», *Actualité chimique*, 2015, 395: 14-17.

（安妮·玛丽·德洛尔）

海洋浩瀚

自由的人啊，你永远会热爱大海！

——波德莱尔

我们的星球常被形容为"蔚蓝色的"，那是因为海水覆盖了地球 70% 的表面积。海洋中栖息着地球上 36 个大生物群（分类学称门）中的 34 个。生命的基本组成要素最早也出现在海洋里。约 35 亿年前，海洋中的细菌开始了初级的新陈代谢，慢慢地进化出了生命。这一方面的化学研究即生物化学，逐步衍生出一个重要分支：天然产物化学。它是有机化学的基础，主要研究目标是生物体内更具特异性的"小分子"。在漫长的进化过程中，尤其在早期海洋中，一些生物获得了一定的生态优势让它们在自然竞争中获得了更多的进化优势。在所有的优势中，使生物合成具有毒性或者排斥作用的生物活性小分子显然是最为有效的策略之一，最初是在海水中高浓度存在的微生物中出现的，后来那些没有物理防御机制的大型海洋生物如海绵动物或裸鳃类动物也有。

人们很早就发现了海洋生物体内可产生生物活性代谢物。夏威夷最早的一批原住民将毒沙群海葵（*Palythoa toxica*）误认为一种海藻，并称之为"limu make o hana"，意为"哈纳的死亡海藻"，因为当时该小镇的很多渔民由于接触了这种"海藻"而丧命（图 2.4.1）。1968 年，科学家开始逐步了解这种毒性的来源：导致海葵产生这种生物活性的是一种叫岩沙海葵毒素（PTX）的物质。它是一种复杂的非蛋白质分子。直到 1982 年，人们才正式获知其空间立体结构，而这一切都要归功于分析化学在磁共振成像（MRI）和质谱（MS）技术方面取得的进步。

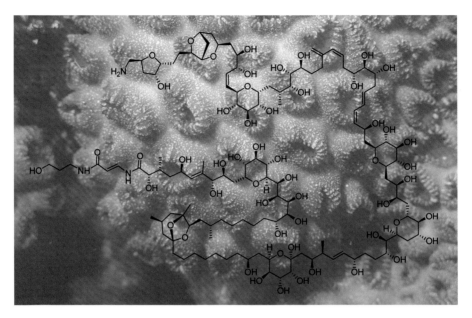

图 2.4.1　沙群海葵属的另一种海葵 *Palythoa verrucosa* 中存在的岩沙海葵毒素结构

在过去的 10 年里，此类技术突破不胜枚举。如今，天然产物化学也进入了它的 2.0 时代。随着数字工具的广泛应用，科学家能够从微量的物质样本或从混合物中确定代谢产物的化学结构。借助光谱数据建模，我们甚至可以预测这些物质在生物体内的存在或丰度（图 2.4.2）。

我们还可以根据分子网络，把分子按照化学家族重新分组，从而轻松地依据分类学信息查看不同物种中代谢物的分布情况（图 2.4.3）。生物的化学组成有助于我们进行物种识别，而物种的确定对有效寻找特定化学物质家族也起着至关重要的作用。

如今，气候变化和人类活动正深刻地影响着海洋生态系统。一些物种趁机繁衍壮大而较脆弱的物种逐渐濒临灭绝。受人类活动影响，以蓝细菌和微藻为主的水华现象开始频繁且大规模地暴发，尤其在热带海洋水域。现在，连一些温带淡水湖也难以幸免。在南太平洋的澳大利亚和新喀里多尼亚海域，具有急性毒性的巨大鞘丝藻（*Lyngbya majuscula*）暴发现象越来越频繁。最新

图 2.4.2　通过质谱数据研究 *Narrabeena nigra* 这种海绵中的天然物质并构建出其分子网络

图：绿色代表该海绵提取物中已经被分离出的化合物，橙色则代表可能存在的化合物，其结构已经被预测出来

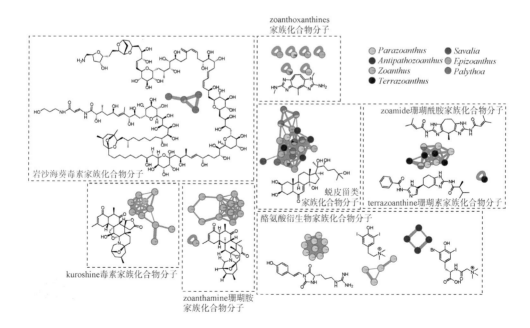

图 2.4.3　不同珊瑚虫分离出的分子所形成的分子网络

的质谱检测手段已能相当灵敏地检测出该物种所释放出的一种有毒环肽——海兔毒素，它是引起珊瑚礁退化的元凶之一。

海洋代谢物也因其独特的生物活性和作用机制引起了众多制药公司的兴趣。海洋生物所产生的天然物质脱胎于其独特的生存环境，拥有别具一格的物理和化学性质。它们有效地补充了被植物产物占据的化学空间。今日，海洋天然物质已被广泛地应用于制药领域：半个世纪以来大约有 10 种海洋天然产物被引入癌症化疗中。例如，制药业利用巨大鞘丝藻中海兔毒素的毒性，在 2019 年研制出了一款"抗体－药物"相结合的特效药物恩诺单抗，用于治疗膀胱尿路上皮癌。

想要在农业、化妆品或制药业继续推广海洋天然产物的应用，最大的瓶颈在于这些物质生产起来非常困难。为了能够大量地获得这些原料，工业上一

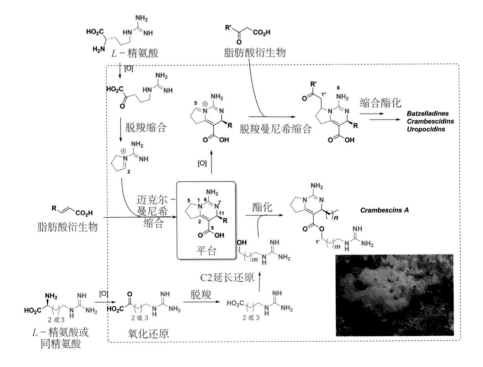

图 2.4.4 *Crambe crambe* 海绵胍基生物碱合成途径假说

般会采取化学合成的手法，并向所谓的"可持续化学"方向靠拢。在数百万年的进化过程中，自然选择出了最佳的代谢路径用于产生这些结构独特的天然物质，而人类新的生产途径试图利用或模仿这些生物合成机制。例如，我们通过同位素标记搞清楚了 Crambeidae 科海绵中胍类代谢物的生物合成途径（图2.4.4）并依此确立了仿生合成途径。基因组学和代谢组学技术的结合，让科学家得以进一步了解海洋天然物质复杂的生物合成途径，为后续的工业化生产开辟了新的道路。所有这些技术革新都需要博众学科之所长，且其中关键环节便是各种奇妙的化学反应。掌握各类化学反应有助于更好地理解自然选择了哪些手段来打造丰富且结构独特的美妙物质。

参考文献

1. Miguel-Gordo M., Gegunde S., Calabro K., Jennings K.L., Alfonso A., Genta-Jouve G., Vacelet J., Botana M.L. et Thomas O.P., «Bromotryptamine and bromotyramine derivatives from the tropical Southwestern Pacific sponge *Narrabeena nigra*», *Marine Drugs*, 2019, 17: 319.

2. Guillen P.O., Jaramillo K.B., Genta-Jouve G. et Thomas O.P., «Marine natural products from zoantharians: bioactivity, biosynthesis, systematics, and ecological roles», *Natural Product Reports*, 2020.

3. Silva S.B.L., Oberhaensli F., Tribalat M.-A., Genta-Jouve G., Teyssie J.-L., Dechraoui-Bottein M.-Y., Gallard J.-F., Evanno L., Poupon E. et Thomas O.P., «Insights into the biosynthesis of cyclic guanidine alkaloids from Crambeidae marine sponges», *Angewandte Chemie, International Edition*, 2019, 58: 520–525.

（格雷戈里·让塔－茹夫　奥利维耶·P.托马）

海水淡化

生命就如海水，

唯有升上天堂之时才变得甜美。

——阿尔弗雷德·德·缪塞（Alfred de Musset）

人工合成具有特殊性质的新材料，往往得益于化学的进步，尤其是复现生物过程，也就是我们常说的仿生技术，例如生物系统的选择性运输现象或自组装材料的合成。仿生膜的合成，特别是用于淡化海水的仿生膜合成技术，可谓这一进步的绝佳例证。

随着科技进步，世界人口也在急剧增多。人类的经济活动深刻地影响了全球气候变化。在许多国家，饮用水短缺成了亟待解决的突出难题。值得一提的是，生产饮用水是一件能耗很高的活动，某种意义上也加剧了气候变化。这更催促着我们不断革新技术，以求用较低的能源成本保证这一关键资源的大规模生产。在水资源方面，海洋占去了地球总水量的97.5%，每天，全球约有1亿立方米的海水被淡化处理。海水淡化需要动用好几种先进手段，且大多都基于一种加压反渗透技术。尽管人类在海水淡化方面已经取得了长足进步，但想要低耗能地从海水或咸水中提取出大量饮用水，仍任重而道远。

如今，距人类设计出第一个反渗透海水淡化膜已过去了半个多世纪。这种薄膜由聚酰胺制成，可实现10—15 L/（m²·h·MPa）的渗透率，氯化钠的截留率可达99%。最近，由纳米复合薄膜制造的海水淡化膜已将渗透率提高至25—30 L/（m²·h·MPa），但同时氯化钠截留率也有所降低（95%—97%）。未来海水淡化膜研制的主要目标是将渗透率提高至目前最佳商业膜的3—5倍，同时确保氯化钠的截留率达到99%—99.5%。事实上，对海水（含盐量为35 000

微克/千克）和微咸水这样的高浓度盐溶液进行脱盐处理，选择性和渗透性同样重要。

1 生物辅助膜：水通道蛋白

在生物体内，细胞膜两侧代谢物的转移具有高度的选择性，而蛋白质通道是目前已知的最佳载体。水的运输尤其依靠水通道蛋白（APQs）。该蛋白以对水的高渗透性和对离子的高截留性而闻名。阿格雷（Peter Agre）正是凭借该发现获得了 2003 年的诺贝尔化学奖。由此，也诞生了将水通道蛋白融入膜中以帮助海水淡化的想法。人们第一次开始尝试生产这种被称作生物辅助膜的海水淡化膜，在这种技术中，水是由蛋白质辅助运输的。APQs 的掺入使得渗透率提升了两个数量级，达到 40 L/（m²·h·MPa），但与此同时选择性降低了：氯化钠的截留率仅为 97%。此外，想要大规模应用 PA-APQs 杂化膜，人们还将面对 APQs 生产成本过高的难题。它们稳定性较低、生产限制较多且必须在高压和高盐度的条件下进行脱盐操作，这多多少少都有悖于生物界惯有的操作方式。

2 仿生膜：人工水道

除了引入天然蛋白质通道作为辅助之外，科学家还尝试人工复制生物系统的运输模式。他们从生物体中汲取灵感，用合成通道取代 APQs，以期提高膜的性能。为此，我们需要了解 APQs 的工作机理，并以此为基础争取在分子层面实现超选择性分离。在过去的 10 年间，人们对这种人工通道膜（AWC）的兴趣与日俱增，并提议用它来代替 APQs，以同时改善水的运输速率和盐的截留率。这些颠覆性技术都要求我们能够在不同尺度上对脂质或宏观聚合物双层膜的通道自组装进行控制。这些通道一般由合成砖制成：一个中心通道可以用来选择性通过水；一个疏水外壳用于将其嵌入膜中。

　　例如，具有 0.26 纳米孔径（与 APQs 类似）的 I-四聚体人工通道，每秒每通道能够传输约 150 万个水分子，并在穿过双层膜的同时截留所有的离子。

　　这些膜的性能之所以如此优越，关键原因在于空间排阻所达到的选择性，即通过排除离子的方式选择性地传输水。这种排斥作用来自水在通道中的传输方式，就像一串排列整齐的水分子链（也叫分子水线），通过氢键相互连接在一起（图 2.5.1）。研究表明，离子的截留与水分子的超分子排列密切相关，尤其与水分子被拘束在管道中时的极化现象有关。实验室的模拟实验结合分子动力学计算的结果表明，具有手性特征的团簇比非手性团簇具有更好的传递性，因为非手性团簇中，水分子呈现出的是随机排列。换句话说，水分子

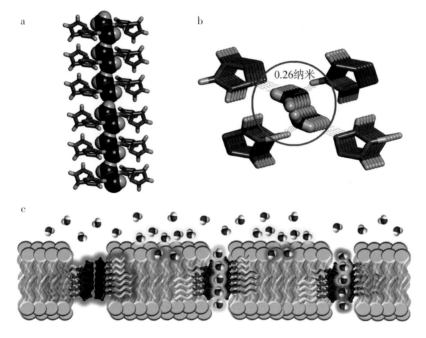

图 2.5.1　人工水通道：a. 水的超分子线性结构在 I- 四联体中的二极管组织排列；b. 调控膜孔道的尺寸大小，以选择性地输送水分子；c. 将水通道插入人工膜中以进行水的纯化

的手性特征能够让水在通道中产生更大的移动性，从而促进了具有超分子手性的水流，也就是所谓的"手性水"在通道中的运输。

3 前景：高选择性海水淡化膜

综上所述，人工水道与水通道蛋白类似，可以进行选择性水传输，为水的过滤与净化开辟了新的前景。除了海水淡化之外，这项技术还可应用于制备生产疫苗或微电子部件所需的"超纯水"。如今，包括人工水道在内的各种淡化膜技术正如火如荼地发展着。它们的优异性能不仅反映在保证高渗透率 $40—50 L / (m^2 \cdot h \cdot MPa)$ 的同时也能维持较高的氯化钠截留率（高于 99.5%），更体现在这些材料在长期稳定性方面的亮眼表现。

参考文献

1. Licsandru E. *et al.*, «Salt-excluding artificial water channels exhibiting enhanced dipolar water and proton translocation», *J. Am. Chem. Soc.*, 2016, 138: 5403.

2. Kocsis I. *et al.*, «Oriented chiral water wires in artificial transmembrane channels», *Science Adv.*, 2018, 4: eaao5603.

3. Barboiu M., «Artificial water channels», Faraday Discussions, *Royal Society of Chemistry*, 2018.

（米哈伊尔·伯尔博尤）

人工光合作用：
阳光秒变燃料

碳是生命最核心的元素……

原子，在两颗卫星的守护下，维持着气态……

它们一起，与片叶擦肩，却被阳光留住……

然后，它们遇上了氢，与氢结合。

终于，它们融入了一条锁链，

那是生命之链。

——普里莫·莱维

一直以来，可再生能源都面临着一大瓶颈：产出的间断性。因此，人类最为紧迫的任务之一，便是开发出经济实用的大规模储能技术。一年中的大部分时间（尤其是春夏两季），太阳能发电量超过了实际所需；储能技术的欠缺就会造成多余电力的浪费。到了冬季、夜晚或阴雨天，情况则恰恰相反：太阳能发电量明显不足，必须通过火力或核能发电来弥补。

自然界中，一些生命系统拥有一套独属于自身的化学储能方案，一直以来都让化学家十分着迷。这些能够进行光合作用的生物，如植物、藻类和蓝细菌往往拥有强大的固碳能力，可将空气中的二氧化碳与水反应形成我们环境中所有的含碳化合物，即生物量。这些生物可以只利用太阳能生成该化学反应所必需的能量。

太阳能首先以化学键的形式储存在由二氧化碳和水生成的产物中。随后，细胞会"燃烧"这些化合物，释放出大量能量用于新陈代谢、生物合成或复制。

正是靠着强大的光合作用，这些生物不仅能充分利用太阳能，将其储备起来以备未来之需，还能仅靠大气中的二氧化碳就满足自身所有的碳需求。大自然的这一奇妙机能，为正在苦苦思索未来能源问题的人类社会打开了新的思路。那么，太阳能否在未来或多或少地取代化石与核能源，二氧化碳又能否取代或者部分替代化石碳源，为人类提供赖以生存的碳能源呢？

在能源转型和太阳能存储研究的大背景之下，自然界光合作用过程给予科学家诸多启发，人们开始大力发展人工光合作用装置：其中牵涉复杂的光化学、电化学与催化现象，无论是理论上还是实际应用上，都是一项重大的科学挑战。人工光合作用系统实际上是一种吸收光子的设备，理想情况下能吸收可见光谱范围内的光子（占入射太阳能的 40%）。为此，我们一般会借助分子光敏剂或固体半导体材料，随后，利用光导电荷分离过程将这些光子能量转换成电化学势能，并储存在随之产生的"电子–空穴"对中。电化学势能既可以将水氧化成氧气（借助空穴），也可将二氧化碳还原成含碳化合物（借助电子）。最后，该装置必须能高效且选择性地催化这些反应。整个过程相当复杂，涉及一系列化学键的断裂及形成，且需克服巨大的能垒。

当然，实现人工光合作用还存在一种相对简单的方式：把一块能将太阳能转化为电能的光伏板和电解器耦合，电解器中的"太阳能电能"可将二氧化碳还原为含碳化合物，如一氧化碳和甲酸，复杂一点的，还能转化为效益更高的醇类和碳氢化合物，它们都是燃料和高附加值分子的前体。这些装置业已存在，我们无须从头发明，只需要提高它们的性能（产出率、稳定性、可持续性和可回收率等），确保能够大规模应用并降低成本即可。

2019 年，这一美妙愿景终于成为现实。那是一个将光伏板与电解器耦合在一起的系统，能以良好的选择性（约 45%）将二氧化碳转换为乙烯和乙烷，同时保有 2.3% 的能源效率（以产出的碳氢化合物所含能量与消耗的太阳能对比计算）。这一效率远高于植物，甚至可与光合作用效率最高的微藻比肩。值得一提的是，这一系统有意采用那些丰富、廉价且易于使用的原材料，向人们证明了"优异的性能"与"可持续发展工业的目标"并非不可兼得。在该系统中，用于制作太阳能电池的原料是方便制备的钙钛矿，它是一种成本效益很高的半导体材料。同时，在阳极用于氧化水和在阴极用来还原二氧化碳的是同一种催化剂：一种枝状多孔材料，只需通过在铜电极上电沉积铜盐即可获得。

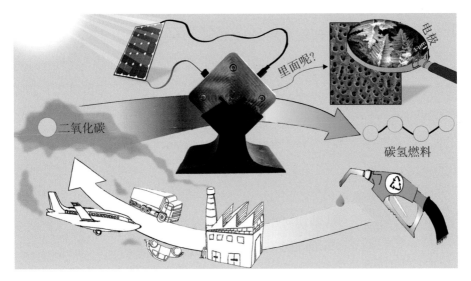

图 2.6.1　一种使用铜电极的电化学电池，其电极处会产生枝状和多孔的金属沉积物；当它与光伏板耦合并靠太阳能产生电流时，可将二氧化碳转化为碳氢化合物

　　这种"人造植物"预示着在未来，人类将能以富含能量的碳分子形式储存太阳能，也就是我们所谓的"太阳能燃料"，来闭合人类开启了近一个世纪的碳循环：燃烧碳氢化合物为我们提供了大量的能源，后果却是大气中温室效应气体二氧化碳的浓度大幅增长。是时候反其道而行之，将二氧化碳转化为碳氢化合物和其他含碳化合物（如醇类），以助力化学工业的发展（图 2.6.1）。

参考文献

1. Huan Ngoc Tran, Alves Dalla Corte D., Lamaison S., Lutz L., Menguy N., Foldyna M., Turren-Cruz S.-H., Hagfeldt A., Bella F., Fontecave M., Mougel V., «Low-cost high efficiency system for solar-driven conversion of CO_2 to hydrocarbons», *Proc. Natl. Acad. Sci.*, 2019, 116: 9735-9740.

2. Tran Ngoc Huan, Rousse G., Zanna S., Lucas I.T., Xu X., Menguy N., Mougel V., Fontecave M., «A dendritic nanostructured copper oxide electrocatalyst for the oxygen-evolving reaction», *Angew. Chem.*, 2017, 56: 4792-479.

3. Karapinar D., Ngoc Tran Huan, Ranjbar Sahraie N., Wakerley D.W., Touati N., Zanna S., Taverna D., Galvão Tizei L.H., Zitolo A., Jaouen F., Mougel V., Fontecave M., «Electroreduction of CO_2 on single-site copper-nitrogen-doped carbon material: selective formation of ethanol and reversible restructuration of the metal sites», *Angew. Chem.*, 2019, 58: 15098-15103.

（马克·丰特卡夫）

吾爱，CO$_2$：
出人意料的可再生资源

如果我们不把历史视作简单的日期或轶事，

那么历史便会对我们目前所持有的科学观念造成决定性的改变。

——托马斯·S. 库恩（Thomas S. Kuhn）

近些年，二氧化碳成为全球媒体狂热的关注对象，它不仅左右着经济政治决策，也影响着每一位公民的行为。二氧化碳是地球碳循环和生命的重要组成部分，可通过光合作用被转化为储能丰富的有机化合物（糖）：这是碳固定的代谢途径之一。也正是靠着它那大名鼎鼎的"温室效应"，地球大气层才能保持足够的温度让生命繁衍生息。然而，自18世纪工业革命以来，人类开始无节制地消耗化石燃料，且该情况在近几十年内愈演愈烈，导致大气层中二氧化碳浓度急剧增高，使其成为全球变暖和极端气候变化的罪魁祸首之一：生物多样性锐减，地区污染加重，气候带迁移；上百万居民的生计受到深刻影响，尤其是那些在全球化浪潮中经济力量最薄弱的人，他们反而大多来自碳排放量最少的地区。为了对抗气候变化，有人提出了一些颇为"自欺欺人"的建议，例如捕捉大气中的二氧化碳并注入深井（盐水层或沉积岩）中。该方法极具争议性，尤其是在可靠性和长期可行性方面受到诸多质疑（考虑到永久冻土下巨大的甲烷储量，在全球变暖的趋势下很可能会被释放）。

那么，我们何不采用逆向思维，将二氧化碳有效回收并重复利用呢？为何不把二氧化碳视作一种丰富的原材料，而不再只是人类浪费或过度消费化石燃料的"罪证"呢？的确，大自然用光合作用给我们树立了完美的榜样，但由于二氧化碳具有很高的化学稳定性，转化二氧化碳仍然是一项艰巨的任务。诚然，目前已存在一些回收利用途径，例如用回收的二氧化碳生产尿素（化肥）或是聚碳酸酯（光化学玻璃、智能手机外壳）等。只可惜这些应用途径本身就十分耗能，且转化的二氧化碳还不到人为碳排量的 0.1%，远不足以对碳排放总量产生重大影响。

早在 1912 年，意大利化学家恰米钱（Giacomo Luigi Ciamician，博洛尼亚大学）就富有洞见地提出了首个关于人工光合作用的设想：利用光照和合适的催化剂，将二氧化碳转化为甲烷，后者是可用于取暖和运输的理想燃料。然而，这一切只有在二氧化碳能进入循环利用的情况下才有意义，因为甲烷的燃烧会产生新的二氧化碳。该方法需要借助还原反应来实现二氧化碳的转化：这时该轮到催化艺术登场了。只有让转化达到一定速率，才能够处理足够多的气体。直到 20 世纪 80 年代初，第一批铜基催化剂才在日本问世。不久之后，基于贵金属（铼、钌）和非贵金属（铁、钴、镍）的分子催化剂也相继出炉。在这些奠基性的成果之上，该技术在 2000 年初又掀起了一轮新的热潮，并迅速成为国际科研竞争的前沿阵地。为了更好地理解其中涉及的化学转换，我们可参考"二氧化碳时钟"的碳中和循环概念（图 2.7.1）。在这一构想中，二氧化碳将被逐步还原成各种产物：首先是还原成有"化学工业基砖"之称的一氧化碳；紧接着是甲醛；然后是甲醇，一种可直接使用的液体燃料；最后是甲烷，也是与我们的工业相兼容的重要燃料。完成以上转化都需要切断碳－氧化学键，用氢原子取代两个氧原子，这些氢原子可以以质子形式提供（例如利用水自解离释放出的氢离子）。事实上，科学家正是从人体内血红蛋白——一种含铁卟啉——在血液中运输氧气过程中汲取灵感的，开发出了能有效转换二氧化碳的仿生催化剂。此类催化剂能借助电能（图 2.7.1）或太阳光（图 2.7.2）将二氧化碳转化为一氧化碳甚至甲烷。当然，这一实验室里获得的战绩有待进一步转化为工业技术，这必将是一条漫长的求索之路，但人类已迈出了第一步。

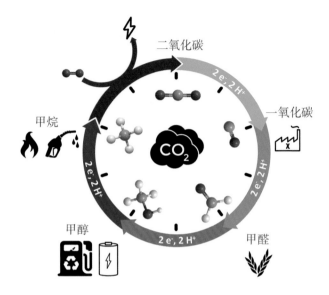

图 2.7.1　二氧化碳时钟：转换视角，受益匪浅

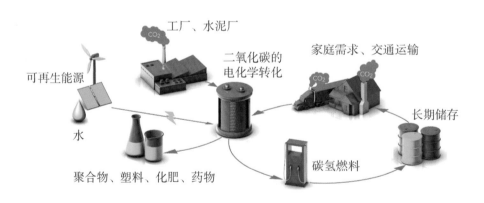

图 2.7.2　二氧化碳：一种将彻底改变工业面貌的可再生资源

　　化学家的想象力与创造力似乎是无穷无尽的：铜基催化剂已经实现了将二氧化碳还原为乙烯（诸多聚合物的前体）、乙醇，甚至更为复杂的分子。但我们还有更远大的目标：不仅要在大量产生二氧化碳的地方（发电站、重工业等）捕捉二氧化碳分子，还要从整个大气中捕获二氧化碳分子以进行转化，并

以能量形式储存下来以备未来之需（图 2.7.2）。

这些科学蓝图可能需要好几十年才能真正落实，而在眼下这样一个过渡时期，我们仍需行动起来应对全球变暖。在人类还未掌握立竿见影的技术手段时，我们必须大幅度地减少人为碳排，也就是说，必须制定相关政策，根据碳排放造成的影响对碳消费收取合理费用。

参考文献

1. Ciamician G., «The Photochemistry of the future», *Science*, 1912, 36: 385–394.

2. Costentin C., Drouet S., Robert M., Savéant J.-M., «A local proton source enhances CO_2 reduction to CO by a molecular Fe catalyst», *Science*, 2012, 338: 90–94.

3. Rao H., Schmidt L., Bonin J., Robert M., «Visible-light-driven methane formation from CO_2 with an iron complex», *Nature*, 2017, 548: 74–77.

（马克·罗贝尔）

另辟蹊径

如欲开辟新的道路，
必先敢于误入歧途。

——让·罗斯坦（Jean Rostand）

高温、高压等实验条件的应用造就了一种新颖的化学方法，它大大有别于以溶液为基础的传统实验条件，往往能更快速地产出目标化合物并选择性地处理可回收利用的材料。溶液化学通常需要在溶剂中进行，而溶剂的性质会随温度的变化而变化。提高操作温度，便可提高反应速率。然而在大气压条件下，溶剂的使用不能超过其沸点，这大大地限制了它们的应用范围。我们可以在允许的情况下通过使用高沸点溶剂（如沸点达176℃的角鲨烷）来规避这一问题，或通过施加压力让溶剂保持在液态范围内。正是依靠第二种方案，化学实验反应的温度范围大大提高，从低于环境温度到超过600℃不等。图2.8.1向我们展示了某种纯物质的相图，其中包括了3种物质状态（固态、液态和气态）。在蒸气与液态之间存在一条"液气共存曲线"，它结束于一个临界点，这个临界点包括临界温度和临界压力。任何纯净物都有特定的临界压力和临界温度。

二氧化碳和水的临界温度分别是31℃和374℃，临界压力分别为7.3 MPa和22.1 MPa。高于该临界值的溶液将处于所谓的超临界条件下，只需调节压力和温度，便可持续地从液态变为蒸气状态（图2.8.1），这种改变溶液性质的可能性对化学家来说是一个前所未有的好机会。

可以调节溶液性质，意味着化学家可以操控溶液与它所接触的材料之间的相互作用。这也是超临界二氧化碳提取工艺的原理之一。当然，该技术

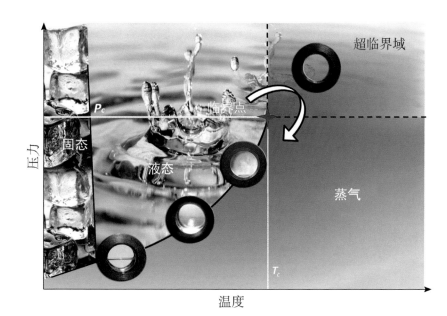

图 2.8.1　纯物质相图（压力 / 温度），展示了物质的 3 种状态——固态、液态、蒸气，以及超临界域；其中黑色圆形区域描绘了液 – 气平衡随着压力和温度的变化而变化，以及超临界流体的存在

最著名的应用当属从咖啡中萃取咖啡因。2020 年夏，科学家还披露了该方法的一项新应用，即医用口罩和 FFP2 口罩（医用防护口罩）的再生。口罩再生既需要消毒以杀灭病毒的生物活性，也需要清除所有的污垢；整个处理过程还不能有损松紧带和鼻夹。考虑到口罩是由聚丙烯纤维网构成的，口罩的再生利用基本可概括为对"溶剂 / 材料"相互作用的控制。因此，一种基于超临界二氧化碳的工艺技术便派上了用场，它完美适用于医用口罩和 FFP2 口罩的再生，可以在不影响松紧带和鼻夹的情况下进行消毒灭菌和清洗（图 2.8.2）。

　　如今，负责的化学家意味着必须尽可能地推进符合可持续发展目标的化学，尤其是所谓的环境友好型化学。其中，利用水作为反应溶剂契合了 1998 年提出的绿色化学 12 条原则。常温常压下的水是一种极性溶剂，它不与非极性的油类发生混溶，但可以溶解盐（如食盐）。在超临界条件下（温度高于

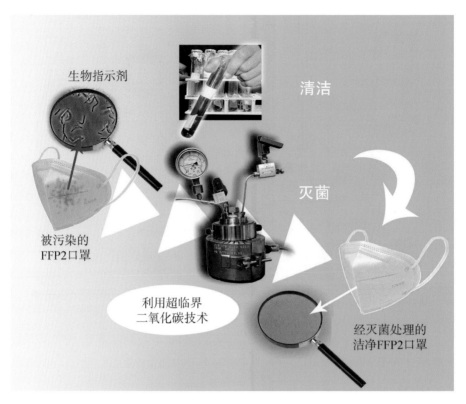

图 2.8.2　利用超临界二氧化碳技术对口罩进行再生处理

374℃、压力高于 22.1 MPa ），由于水的极性变化，油可以与水混溶，盐则会沉淀。水在环境温度与超临界域之间的整个温度范围内还表现出了其他诸多引人注目的特性。事实上，这一范围内的水，比环境温度下或超过临界温度时，更容易电离为水合氢离子和氢氧根离子，这让那些通常需要酸性或碱性溶液才能进行的反应有了在水中进行的可能。

　　这类化学反应通常在一种类似高压锅的实验设备中进行。高压锅中的压力是大气压的两倍，可以让水在高达 120℃的情况下依然保持液态，从而大大加快食物的烹饪速度。想要获得更高的压力，只需增加高压锅的壁厚，并为其配备与预期温度值所需的安全装置即可。因此，人们开发出了各种设备来测试和利用高温高压下流体的各种优异特性，例如可在封闭模式（高压锅）或连续模式下工作的设备，尺寸也可根据所用溶剂体积而变化（从微型反应器中的微升到工业级别的数百升不等）。

高温高压条件下以水为反应溶液的第一个绝好案例，是永磁铁在250℃和25 MPa的条件下的循环利用（图2.8.3）。稀土永磁铁多为钕铁硼永磁铁，其组成为$Nd_2Fe_{14}B$，应用场景十分广泛，如高分辨率音响、小型电动机转子、空调、计算机硬盘驱动器等。然而，钕作为一种稀土资源，其供应深受地缘政治因素影响，市场极不稳定，供应量时常波动，具有高度不确定性。这也是为什么美国和欧盟都将其列为关键战略资源。因此，这些资源的回收利用变得十分关键。一般的磁铁是通过烧结钕铁硼晶粒而制成的，这种烧结通常需要在高温下进行，通过形成一种接缝将陶瓷颗粒紧密焊接在一起。在250℃和25 MPa的环境下进行水处理，水合氢离子让水分子得以接触这些接缝，

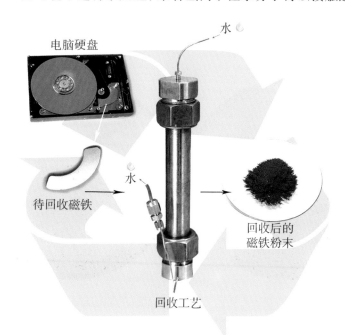

电脑硬盘

水

待回收磁铁

水

回收工艺

回收后的磁铁粉末

图 2.8.3　电脑硬盘中的永磁铁在高温高压下（250℃、25 MPa 环境条件下的水中）进行回收利用的过程

颗粒结合处的钕于是发生氧化。随之形成的氢诱导接缝体积膨胀从而释放出原始晶粒。整个过程的关键是控制好氧化反应，以免改变晶粒性质而影响其回收利用。

此项技术的第二个应用则是滑石粉的一种新合成途径。这种化学式为 $Si_4Mg_3O_{10}(OH)_2$ 的材料常被用作纸张、塑料、油漆和化妆品等的矿物填料。然而，天然滑石的应用，尤其在美妆领域，始终受困于纯滑石矿床的匮乏，纯滑石常与一些不需要的矿物质结合在一起。因此，想获得化学和矿物学意义上都堪称"纯净"的滑石粉，唯一的途径便是人工合成，其反应的化学方程式如下：

$$4Na_2SiO_3 + 3Mg(CH_3COO)_2 + 2CH_3COOH \rightarrow Si_4Mg_3O_{10}(OH)_2 + 8CH_3COONa$$

天然滑石是数百万年地质过程的产物。在 300℃ 和 8.5 MPa 的水中进行人工合成时（常规水热合成条件），滑石粉形成所需时间缩短到约 10 小时。在超临界水中（400℃、25 MPa），反应仅需短短几十秒（图 2.8.4）。这种效率的大幅提高主要归功于两个原因：较高的合成温度增大了反应速率，水的极性的改

数百万年

20秒

法国阿列日省特里蒙矿场
天然滑石

在超临界水中进行滑石合成的连续过程
合成滑石

图 2.8.4　天然滑石 VS 合成滑石：从需要数百万年地质时间慢慢形成的天然滑石到短短几十秒钟即可制备成功的人工合成滑石

变则有利于合成滑石的沉淀。反应时间的大大缩减，让这种材料的工业化生产成为可能。

以上 3 个案例，皆很好地阐明了在非常规高温高压条件下物理化学所具备的潜力。它们的出现，为那些在常温和常规大气压下无法获得的材料开辟了独特的获取途径。

参考文献

1. Aymonier C., Cario A., Aubert G., «Procédé et installation de nettoyage d'un matériau filtrant», 2020, FR2007648.

2. Anastas P. T. ; Warner J. – C., *Green Chemistry: Theory and Practice*, Oxford University Press, New York, 1998: 30.

3. Maat N., Aymonier C., Lebreton J.–M., «Procédé et système pour récupérer des grains magnétiques d'aimants frittés ou plasto-aimants», 2017, WO2017067985.

4. Claverie M., Diez-Garcia M., Martin F., Aymonier C., «Continuous synthesis of nanominerals in supercritical water», *Chemistry: A European Journal*, 2019: 5814–5823.

（西里尔·艾莫尼耶）

废物的妙用

对蜂群无益的事不可能对一只蜜蜂有益。

——马可·奥勒留（Marcus Aurelius）

化学提供了我们社会发展所需的大部分产品，因此被称为"工业中的工业"。它不断创新、精益求精，合成更为优良的化学产品，服务于更广泛的领域：从航空航天、运动服饰材料、涂料一直延伸到美妆、通信等众多产业。想要满足生产所需，就需要用到碳。从19世纪开始，人们就掌握了如何从煤炭、石油和天然气中提取碳，而地球人口的增加导致生产不断扩大，社会对碳的需求日益增长。可是碳储备并非取之不尽：它正在无情地减少。此外，随着消费规模的扩大，我们的生活方式开始清晰地显露出它的局限性以及对地球所产生的负面影响：气候变暖、生物多样性锐减、水资源短缺，等等。

要想解决化石能源枯竭的问题并控制温室气体的排放，废物利用无疑是很好的方案之一，而一说到变废为宝，那便是化学"大展身手"的时候。

举个例子：农业和林业每年会产生巨量的植物废料（每年约2.5亿吨，其中包含了大量的树皮和稻草），这些植物废料中的碳水化合物含量高达75%，而化学家的巧手可将这些废料转化为多种化合物。稻草中可以提取出表面活性分子，这些分子具有的"起泡特性"让它们得以被广泛地应用于洗涤剂、化妆品和食品生产领域。同样地，其中的糖还可转化为生物基材料和可生物降解材料（图2.9.1）。每年，各种新鲜创意如雨后春笋般涌现：这些废料在工业上可被用来制造眼镜架、餐具、袋子、建筑材料，甚至是汽车仪表盘……一些生物基材料还可以用作堆肥。因此，在野餐或节日庆典之后，那些用过的一次性盘子、杯子等餐具其实可以成为微生物的养分，继而被转化为堆肥。还有更出乎意料的：在亚洲，例如香港国际机场，人们会将所有的剩余食物（大米、面包、面条）进行分类，然后回收利用以生产新的消费品。

越来越多的废物开始引起化学家的兴趣。尤其是在溶剂领域，新点子更是层出不穷。溶剂的应用十分广泛，如油漆或化妆品、香水和食品工业等都有其身影。举个例子，每生产 1 升橙汁就会产生 4 千克的橙皮：化学家可以先从中提取另有他用的分子，如柠檬烯（图 2.9.2），再考虑将其扔去做堆肥。柠檬烯有着柑橘的芳香，常被用作木材油漆的溶剂、脱脂剂，以及食品、香水或洗涤剂中的添加剂。

图 2.9.1　生物基材料实例　　图 2.9.2　橘子皮的潜力：柠檬烯的价值

更令人意想不到的是，很多废物中的糖和酸其实是一种可以相互反应的固体原材料。用两种固体混合反应生成液体，开拓了一片非常有前景的探索领域，尤其是在开采业。

工业循环小案例：表面活性剂

农业垃圾内所含的糖可以与植物炼油业产出的脂肪醇发生反应（糖基化），形成烷基多苷（APG）。因其发泡和乳状液的特性，烷基多苷用途甚广。每年生产的可生物降解化学物质有数千吨，它们被广泛应用于各种日常用品的生产（图 2.9.3）。

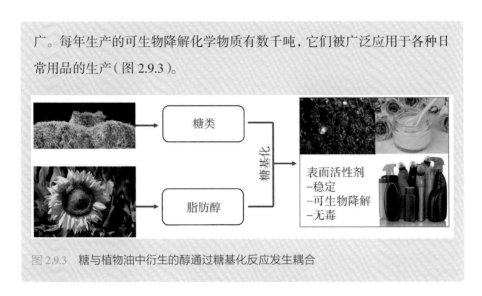

图 2.9.3　糖与植物油中衍生的醇通过糖基化反应发生耦合

日常生活中的废物就这样摇身一变，成为宝贵的化学原料；消费者自身也可通过垃圾分类，成为"变废为宝"这项活动的积极参与者。同时，这类活动还有可能带动地方经济的可持续发展，促进本地产业结构升级。一些为化妆品、食品或农业部门提供糖和衍生产品的初创企业正在不断涌现（图 2.9.4）。往日的废物，今日被冠以"副产品"的名号重焕新生。它们真的能给明日的化学带来翻天覆地的变革吗？答案是肯定的，但它们不能保证彻底取代石油、天然气或煤炭。目前废物利用的瓶颈仍集中在废物的收集和分类环节。除了建立一条有效的价值链之外，还有很多科学和技术的壁垒需要化学家去克服。无论如何，在未来，废物利用仍是有效遏制人类对化石资源过度依赖的重要手段。

图 2.9.4　从植物垃圾到可持续环保产品

焦糖大升级！

我们常说的益生元分子，本质上是低聚糖：它们可以促进某些细菌在人体内的繁殖，对身体健康大有裨益。深受大家喜爱的焦糖就含有这类分子，因此经常被作为膳食补充剂。但焦糖中益生元分子的含量仍然比较低，对健康的有益影响十分有限。为了提高焦糖的营养价值，同时满足人们的味蕾享受，我们大可好好利用植物。从水果边角料中提取出的果糖可以在含二氧化碳的水中发生反应，碳酸会促使果糖焦糖化，就像祖传食谱里的常客——柠檬所起到的作用一般。这种方法的优点在于它可以控制焦糖的形成过程，将焦糖的益生元含量提高到近70%。反应结束时，碳酸会以水和二氧化碳的形式蒸发掉，留下纯度非常高的焦糖（图2.9.5）。

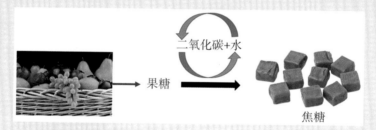

图 2.9.5　利用水、水果边角料和二氧化碳制造益生元

（卡琳娜·德奥利维拉·维吉耶　弗朗索瓦·热罗姆）

3

创造能源，
储存能源

◀

图 3.0　将 2–苯基–苯并噁唑衍生物放在研钵中研磨后，用紫外线灯照射诱导其激发态，以观察其荧光；合成该物质旨在研究其固态状态下的发光特性，以应用于光电学领域

无化学，不电池

**没有电池（反面），
就没有面子（正面）。**[*]
——皮埃尔·德斯普罗热（Pierre Desproges）

2019 年，举世瞩目的诺贝尔化学奖被授予 3 位站在锂离子电池科技前沿的科学家：古迪纳夫（J. Goodenough）、惠厄廷姆（S. Whittingham）和吉野彰（A. Yoshino）。各大媒体争相报道，一时之间全世界似乎都将目光聚焦到了小小的电池之上，但在"无化学，不电池"这个响亮口号的背后，其实隐藏着一个"秘密"。

与看上去的不同，当电池在插座上充电时，并非像容器那样直接将源源不断的电能储存其中。以电荷形式储存电力其实是专属于电容器的功能。电池实际上是一种将电能转化为化学能的系统。因此，它本质上是一个可逆的电化学反应器。也就是说，在需要放电时，它能让充电时形成且储存下来的产物再次发生反应，从而恢复先前消耗掉的电流。要知道，化学能和电能都拥有"电子"这个共同点——化学反应的本质就是电子在原子结构中的重组。因此，这种化学能-电能的转化效率相当惊人，接近 100%。相比之下，发动机或火力发电厂的转化效率则显得少得可怜，往往不超过 30%。

电池究竟是如何工作的，其中蕴藏着什么奇妙反应，又涉及哪些反应物呢？实际上，所有的氧化还原反应都牵涉电子的交换，其中一些还需要动用到

---

[*] 原文为"sans pile, on perd la face"，是一个法语谐音梗，法语中"干电池"写作"pile"，也指硬币的反面；"face"既指"面子"，也指硬币的正面。这里是法国著名谐星德斯普罗热演出中编写的一段笑话。——译者

离子的交换。一般的电池（也称作干电池或
一次电池）和可充电电池所利用的正是这种
我们称之为"电子／离子二元性"的特性。制
造电池或充电电池本质上就是设计一种化学
反应器，让离子（如氢离子、锂离子）或电子
在两种反应物间独立传导，互不干扰。其中
任何一个通道被切断，反应就会停止。这两
种反应物都是氧化还原反应对的一员，分别
位于电池的两个电极中，并借由电解质（通
常是盐溶液）彼此隔离开来。这种溶液作为
离子的导体和电绝缘体，能在允许离子通过
的同时，阻碍电子通过。因此，在反应过程
（充电或放电）中，离子通过电池内部的电解
液从一个电极流向另一个电极，而电子流只
能顺着外部电路在电极间流转。失去电子

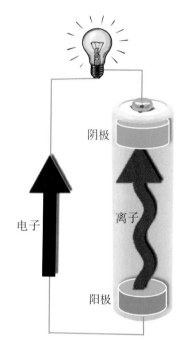

图 3.1.1　电池放电过程原理图

（氧化）的电极被称为阳极，接收电子（还原）的电极则被称作阴极（图 3.1.1）。

　　然而，从理想化的图纸到制造出真正可靠的商业化电池，中间还有漫长
（极其漫长）的路要走。丰富多样的选择（氧化还原对、电解质盐溶剂、交换离
子、添加剂、集流器等）似乎意味着无数的搭配选择和技术可能，但现实情况
呢？想要将这么多物质集中在这样一个封闭的体积中，意味着它们需要在化
学、机械和热量层面上尽可能长时间地共存。此外，还得确保这种组合能储存
尽可能多的能源，同时对环境以及使用者的钱包也尽可能地无害！种种考量
与限制之下，自 150 年前人们开启电池这一化学技术大冒险以来，只有 3 种电
池得以面世。

　　按时间顺序排列，这 3 种电池分别是铅酸电池，镍镉电池与镍氢电池，锂
电池。电池的发展反映出人们在追求更高的储能和更大的可用功率的同时，

力求缩减电池的质量和体积。电池的进步离不开化学各分支的共同努力，而想要有的放矢，就需要了解提高能源储存量。图 3.1.2 展示了电池的一些应用场景及其储存能量的数量级。因此，想要增加储能，就得增加交换的电子数或电压，或是两者一同增加。这说起来容易做起来难。科学家相应地提出了几种解决方案。

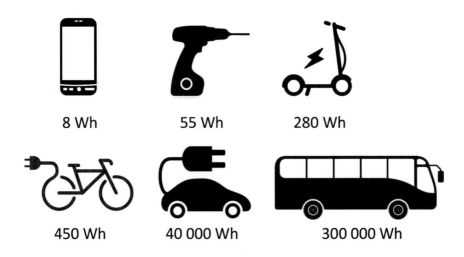

8 Wh   55 Wh   280 Wh

450 Wh   40 000 Wh   300 000 Wh

图 3.1.2　电池的应用场景及相对应的储能级别（单位：瓦时）

电压往往由材料决定，且必须与电解质兼容，因为过高的电压会导致电解质发生电解（如 $H_2O \rightarrow H_2 + 1/2\ O_2$）。因此，在 1990 年以前，所有的可用电池使用的都是水性电解质，其中循环的是质子（H^+），电压则被限制在每个电池单元 1.2 伏（镍镉电池和镍氢电池）或 2.1 伏（铅酸电池）。后者实际上大大超出了水的热力学稳定电压 1.23 伏（水在理论上的分解电压），这一惊人现象很可能是系统中水分解动力十分缓慢所致。值得注意的是，这种热力／动力学二重性是一种十分强大的工具，方便化学家更好地控制和利用反应。后来，人们开始使用完全不含水的有机电解质，并用一种更为轻巧所以移动速率更大的锂离子取代原来的氢离子；电压由此大幅提升，在今天已经达到了 4.3 伏。锂电池就这样应运而生，并于 1991 年由索尼公司首次商业发售。这种电池的组装必须在完全"无水"的环境中进行，例如实验室级别装有氩气的"手套箱"或是工业上所谓的"干室"（含水量小于 40 微克 / 千克），这些昂贵设施无疑大大增加了生产成本。无水电解质虽大幅提高了电压，但不是太稳定。巧的是，它们会在材料表面形成一层固体电解质界面膜（SEI），这种保护性钝化膜，对维持电池的正常运行至关重要。

和电压一样，单位质量（毫安时每克）或单位体积（毫安时每立方厘米）下电子 / 离子的交换数取决于材料的成分及其电子 / 晶体结构。因此，化学家力求在尊重其他先决条件的基础上最大限度地提升这一性能：提升电子电导率以更好地将电子从晶粒芯引导到集流体，提高离子电导率以更好地引导离子流向电解质，同时追求良好的离子 / 电子插入可逆性。因此，在锂离子电池中，氧化锂钴被首选作为电池正极的材料，而石墨被用在电池负极。两者都是由原子片组成的二维材料，锂离子可以在其中很方便地扩散。随后，越来越多的材料也逐步加入了锂电池的阵营之中。

正极材料：氧化锂钴的衍生物，通常被叫作镍锰钴（NMC），而钴现在逐步被镍和锰取代，该材料多见于电动汽车的电池中；除此之外还有多应用于固定设备电池中的化合物磷酸铁锂。

负极材料：锂钛酸锂拥有快速传导锂离子的结构特性，能满足快速充电所需的功率，常被应用在电动巴士等设备；某些（半）金属如锶，可与锂形成合金，只需掺入极少的量便可大幅度提高电池的容量。

同时，电池的寿命也与它们的化学性质息息相关。锂电池寿命的长短主要取决于电解质在负极的寄生（副反应）还原反应和在正极发生的氧化反应。也就是说，电池充的电越多（电压越高），这些反应就越剧烈。这也是为什么，最好让你的手机或电脑处于半充电状态以延长设备的使用寿命。同时，电池的化学反应速率会因温度升高而加快，因此，不建议将电池置于汽车挡风玻璃后面，暴露在强烈阳光下；也不建议完全充满或放空电池，因为在充放电结束时，内部电阻增高会导致内部过热。令人惊讶的是，尽管现在的移动设备可实时读取电池充电状态，但大部分设备都没有充分利用这些信息来优化电池的性能和寿命。

最后的一个关键问题是电池安全。要记住，无论何种形式的储能或聚能，都是一种非自发的过程，因此都有一定的风险。想要发明所谓"零风险"的储能方式根本是无稽之谈。设计电池时，人们始终追求在最小的体积内储存尽可能多的能量，而任何快速释放能量的现象都会产生巨大的热量，或散发有毒的烟雾；在存有易燃有机电解质的情况下，甚至可能引发火灾。除了电池本身的性能特点之外，还需将整个测量－传感器－调节系统纳入考量，一同预防可能发生的热失控。

电化学存储应用前景广阔。目前每一种锂电池替代技术都有各自的优缺点。想在这个价格下跌很快的市场占据一席之地，就需要开发出与现有电池具有明显性能差异的产品。以法国一家初创企业 Tiamat 的锂离子电池技术为例，该公司主攻快充动力电池市场，旗下的全固体锂离子技术，因能取代之前易燃的液体电解质而成为研究的焦点。另外还存在两种主打高能量密度的电池技术（锂－硫和锂－空气技术），但目前尚不成熟，仍有诸多技术障碍亟待克服。

参考文献

1. Peled E., *J. Electrochem. Soc.*, 126, 2047 (1979).

2. Delacourt C., Ades C., Badey Q., «Vieillissement des accumulateurs lithium-ion dans l'automobile», *Techniques de l'ingénieur*, juillet 2014.

（马修·莫尔克雷特　多米尼克·拉尔谢）

给你的电池来点海水？

流入海洋的都是淡水河流，海水为何却是咸的？

因为里面有许多鳕鱼。

——阿尔方斯·阿莱（Alphonse Allais）

太阳能、风能和海洋能源都是可再生的能源，仅凭初级能源转换就能产生电力。但这类能源有个共通点，就是其产能的间歇性，这大大增加了电网管理的难度。我们必须将低耗电期间产生的电能储存起来，因为在耗电低谷期，电能无法直接注入电网。这时候，往往需要求助于电化学储能器，也就是我们再熟悉不过的电池了。试想，当矗立在汪洋大海之上的风力发电机徐徐转动时，产生的电能就近储存在海水中的电池里，那该多么绝妙！

科学家最近研发出了一种利用海水为电解质的新型电池，它可在盐水里运转且有望在海水中工作。该电池的正极（阴极）由碳或有机材料制成，负极（阳极）则由一种新型天然有机材料制成。这些由碳氢氧氮等常见的化学元素构成的材料可从生物量中提取。因此，这种电池具有天然而然的优势：廉价。更别说它还可以在室外组装且易于回收。在电池的充放电过程中，阳极材料可以开创性地与盐水同时交换阴离子和阳离子。这一特性是由该材料特殊的原子结构决定的，也就是两种关键化学基团（二嵌段结构）紫精和萘二酰亚胺的定期结合（图 3.2.1）。就像所有电池的电活性材料一样，这两个基团各自拥有一个离子储存库和一个电子储存库。在初始状态下，电池处于放电状态，也就是说，该材料的两个储存库都是空的。紫精本身作为一个大的阳离子，它的阴离子储存库在一开始是满载的，因此它总体上呈中性。萘二酰亚胺在初始状态下则是呈电中性，因此它的阳离子储存库为空，当电池充电（储能）时，紫精和萘二酰亚胺的电子储存库会被充满，相应的电子则由正极提供，并流经电池外部的电路。为了确保整个系统的电中性，这种电子流必须由电解质中的离子流进行补偿。于是，紫精将阴离子释放到电解质中，这些阴离子随后在正极被捕获；萘二酰亚胺则从电解质中提取阳离子。更有意思的是，这种材料本身对它与电解质交换的离子性质并不敏感。因此，它非常适用于盐水，后者一般含有大量的钠、锂、钾、镁、钙等阳离子和硫酸盐、氯化物、溴等阴离子。海水中也富含这些离子，尤以钠离子和氯离子为主，因此可以成为该电池的电解质之一。如果我们使用碳作为正极并辅以性能优越的电解质，该材料可进行多

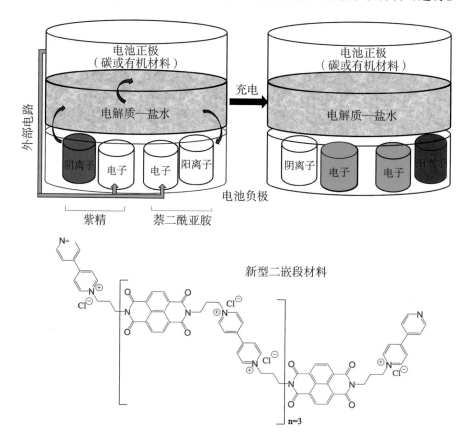

图 3.2.1　以碳氢氧氮为基础的新型二嵌段材料充电过程原理示意图（放电过程则相反）；这种材料可用于制造在盐水或海水中工作的电池

达 7 000 次的充放电循环。如果将碳替换成以碳氢氧氮为基础的有机材料，至少也能进行超过 1 600 次的充放电循环。该材料还成功地在海水中实现了 3 000 次充放电循环，这无疑能满足那些需要长期浸泡在海水中或附在船体上的电池的需要。另外，由于这种电池在工作时会提取盐水中的阳离子和阴离子（图 3.2.1），我们甚至可以考虑用它来进行海水淡化以提供饮用水，助力解决另一大环境问题。

这种新型材料的最后一大特性便是电阻低。目前，其他用于电池的有机材料往往需要掺入大量添加剂（通常占质量的 30%），以改善导电性能并确保合理的充放电速率。因此，对于相同的储能量，电池的质量、体积和价格都会相应提高。新型材料良好的导电性能则让它在无须任何添加剂的情况下也能以大约 50% 的性能运转；一旦有 10% 的添加剂，它便能发挥出百分之百的性能。

参考文献

1. Perticarari S., Doizy T., Soudan P., Ewels C., Latouche C., Guyomard D., Odobel F., Poizot P. et Gaubicher J., «Intermixed cation–anion aqueous battery based on an extremely fast and long-cycling di-block bipyridinium–naphthalene diimide oligomer», *Advanced Energy Materials*, 2019.

（若埃尔·戈比谢　法布里斯·奥多贝尔　菲利普·普瓦佐）

用"汗"发电

天才是 1% 的灵感加上 99% 的汗水。

——托马斯·爱迪生（Thomas Edison）

如今，人们对便携式电子设备，尤其是医疗或运动监测方面的小型设备的兴趣与日俱增，而这些装置都需要配备一个安全高效且与人体适配的供能系统。生物电池就是个很好的方案。它利用血液、汗液或唾液等人体体液中的葡萄糖、乳酸和氧气等物质，借助酶促反应来产生电能。与储电量极为有限的传统电池不同，生物电池并不只是一个储存器，由于人体体液时时刻刻都在生产可为它所用的物质，因此，在理论上，它可以持续地产出能源。体液提供的这些"生物燃料"不仅十分环保，还给予了这些设备极大的自主性与自由度。

最近，在法国生物电化学科学家和美国纳米机械、生物传感器与纳米生物电子学专家团队的携手努力下，研究人员打造出了一款柔韧灵活、延展性佳的生物电池，它可以附着在人的皮肤表面，通过吸收人体汗液来发电。该电池由一种柔韧的导电织物构成，后者的主要成分是碳纳米管、交联聚合物和酶，这些成分由一种可扩展连接件相连，且可通过丝网印刷技术直接打印在可拉伸塑料上。这种电池贴合肌肤，随表皮变形可任意拉伸延展，当人体运动出汗时，可利用其中的酶作为催化剂来还原氧和氧化乳酸，从而产生电力。也就是说，在电池阳极，乳酸在被氧化成丙酮酸的过程中释放出电子，形成的电流被转移到阴极，那里的氧被还原成水（图 3.3.1）。

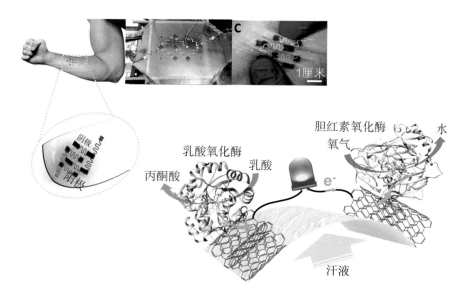

图 3.3.1　该生物电池的示意图及其佩戴方式：一边，乳酸被乳酸氧化酶（LOx）氧化成丙酮酸，另一边，氧被胆红素氧化酶（BOx）还原成水

　　该生物电池可黏附于人的手臂之上，再配以一个电压放大器，便可为 LED 照明等持续供电。它易于生产且相对廉价，主要的成本都与酶的生产相关（是酶让汗液成分得以转化）。目前，科学家已将研究重点转到如何放大生物燃料电池产生的电压和电流上，以求为更精密更耗电的便携式设备持续提供运转所需的电力。

参考文献

1. Xiaohong Chen, Lu Yin, Jian Lv, A. J. Gross, Minh Le, N. G. Gutierrez, Yang Li, I. Jeerapan, F. Giroud, A. Berezovska, R. K. O'Reilly, Sheng Xu, S. Cosnier, et J. Wang, «Stretchable and flexible buckypaper-based lactate biofuel cell for wearable electronics», *Advanced Functional Materials*, 25 sept. 2019.

（法比安·吉鲁　塞尔日·科尼耶）

超级电容器：
储能界的冲刺王

万物无生无灭，只有既有的东西组合与分离。

——安纳克萨戈拉斯（Anaxagoras of Clazomenae），

公元前 5 世纪

1 更快更好还不少

一提到电力储存，无论是给手机、笔记本电脑、电动汽车供电，还是弥补可再生资源（如太阳能电池或风力发电机）产能的不稳定性，人们脑子里自然而然会蹦出两个大字：电池。当然，能储电的可不只有电池，如果你曾亲手拆开过收音机或电脑，大概率会碰上一种圆柱形部件，也就是所谓的电容器。它们有什么用呢？的确，电池可储存大量能量，并长时间供电，但电池充放电都很耗时。电容器则恰恰相反，它可以在短短几分之一秒内储存和释放电荷，但储存的能量却极为有限。那我们有没有可能另辟蹊径，发明一种替代方法，它比电池充电更快，使用寿命更长，又能比传统电容器储存更多的电力？

这便要说到电化学双电层电容器了，它更为人熟知的名字是超级电容器（supercapacitors）。为了更形象地理解这种电容器，我们可以拿田径选手打个比方：电池像是一个马拉松选手，跑得更远（消耗大量的能量），但要时刻注意体能分配（单位时间输出的电量，也就是需保持适度的电压）。电容器则更像是一位短跑健将，擅长冲刺，可以在极短的时间消耗巨大的能量（功率很大），但能量很快便会耗尽（与电池相比储能量较低）。超级电容器的工作原理让它的充放电循环次数可以比电池的还高。

2 请加满，谢谢

　　电容器与电池互补的特性，为那些需要高功率的特定应用场景提供了新的供源可能。目前，超级电容器已经开始被运用在汽车的发动机自动启停系统上，它可以回收车辆制动过程中释放的能量以供再次起步时使用；它也可以在港口装卸作业中吸收起重机下降过程中的势能，为再度提升时供能。该领域的最新研究成果甚至让完全依赖超级电容器推进的电动公共汽车不再只是梦想。只要两站间的距离不太远，公共汽车便可自主到达下一站，并利用乘客上下车的间隙迅速充电。在利用超级电容器快充（制动或靠站时）的同时，它还可以慢慢给锂电池充电（车辆行驶过程中）。与电池相比，超级电容器的主要缺点就是能量密度，即单位质量存储的能量较低。想要攻破这一难题，首先要了解超级电容器的工作原理（图 3.4.1）。

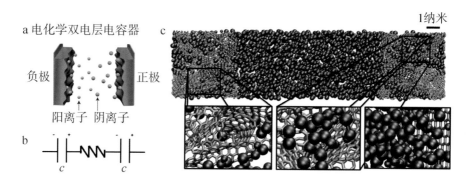

图 3.4.1　a. 电化学双电层电容器的工作原理：两个碳电极通过在负极附近材料中积累多余的电子而聚集电荷（此时正极一侧会缺少电子），这是通过大量的阳离子（或阴离子）在表面液体中聚集实现的，其中的电荷补偿了每个电极的电荷；b. 等效电路：该电路中，两个电容器分别对应每个电极上的"双电层"，由离子在电解质中传输产生的电阻隔开；c. 超级电容器分子模拟示意图：该电池的碳电极由无序纳米多孔结构组成，室温下，电解质是纯离子液体，不含任何溶剂

3 成也电化学，败也电化学

为什么超级电容器被称作电化学双电层电容器呢？和电池一样，超级电容器也由两个关键部分组成：首先是两个金属电极，它们可以通过外部电路交换电子，用来充电或在放电期间提供储存的能量；同时，电解质通过传输带电离子，即带正电荷的阳离子或带负电荷的阴离子，确保装置内部良好的导电性能。什么？电解质听上去很神秘？事实上，只需要在水里倒入一点盐就可以得到一杯电解质了。与电池不同的是，超级电容器的储电模式不涉及电化学反应，它不是依靠电解质中离子和金属电极之间的电子传递，而是借由每个电极附近阳离子和阴离子的量差（电荷的不平衡状态）来补偿电极的电荷。电池的充放电时间基本上是由电化学反应决定的，而这种反应会在每个充放电循环中给电池带去不可避免的损耗。超级电容器恰恰因为绕过了电化学反应而拥有了众多喜人的属性：更快的充放电速率和更长的寿命（按充放电循环次数计算）。电解质和电极间的接触区域也被称为电化学双电层，是储存电荷的地方。电容器那捉襟见肘的储能量便是拜这有限的表面电荷储存所赐，相比之下，电池可将电量存储在材料所占据的全部体积中。

4 小孔呀小孔

怎么样才能在不增加体积的情况下增加储电量呢？答案再简单不过了，至少理论上只要增加电极与电解质的接触面积即可。由此衍生出了一种解决方案：合成多孔材料，即充满孔洞的材料，并且孔越小，给定体积中的展开表面积就越大。当然，这些材料还必须具有导电性，能容纳电解质中的离子，且离子通过这些狭小孔隙（纳米级）的速率还不能太小，毕竟电容器的亮点正是它的速率。这时，便是化学家展现魅力的时刻了。他们的工作是要找到电极材料/电解质的最优组合。光是电解质方面，就有大把候选者：大量的离子（当然大部分比食盐还是要复杂一点，但万变不离其宗）和溶剂（一般是有机溶剂）正排着队等待组合与筛选。当下甚至已经出现了可在室温下使用的纯离子溶液，无须任何溶剂。至于电极，它的材料通常需要含碳。也就是说，通过燃烧椰子壳就能获得高性能材料了！虽说看上去选择不是很广，但多孔结构可有千千万万，这时候，就得靠结构化学家的专业素养去挖掘最佳的可用结构了。

5 从理论到实践：未来超级电容器

为了表征合成物结构和电解质在其中的行为，材料化学家将会利用一系列物理化学分析工具和表征工具，从电化学测量到核磁共振，从气体吸附、X射线和中子衍射到电化学石英微天平，无所不包。他们还可以与理论化学家携手，从分子建模中得到灵感。这一系列深入广泛的研究都向我们揭示了超级电容器的电荷储存基本机制，例如，当电极碳材料的孔径与电解质离子大小相一致时可以获得更优良的性能，且不影响充放电速度。这很好理解，就像漏勺，如果缩小漏勺的孔径尺寸，滤水速率就会变小……超级电容器还有诸多潜力有待开发。深刻理解它的机理能够帮助我们找到更多电解质和电极材料的新组合。超级电容器中使用到的电极材料也开始被运用到更广阔的领域，例如利用海水和河水的盐度差发电，或反其道而行之，将其运用于海水淡化。还有一种研究方向则是将超级电容器碳电极的运行机制与传统电池的氧化物电极结合，制造出一种叫伪电容器（pseudocaps）的装置。

怎么样，心动了吗？*

---

* 原文为"cap ou pas cap?"这里作者用英法语言的巧妙双关收束全文，cap在英语中可指电容器，在法语中，这句短语表示"敢不敢试试"，是半开玩笑式地发起挑战。——译者

参考文献

1. Chmiola J., Yushin G., Gogotsi Y., Portet C., Simon P., Taberna P.–L., «Anomalous increase in carbon capacitance at pore sizes less than 1 nanometer», *Science*, 2006, 313: 1760.

2. Merlet C., Rotenberg B., Madden P.A., Taberna P.–L., Simon P., Gogotsi Y., Salanne M., «On the molecular origin of supercapacitance in nanoporous carbon electrodes», *Nature Materials*, 2012, 11: 306.

3. Salanne M., Rotenberg B., Naoi K., Kaneko K., Taberna P.–L., Grey C.P., Dunn B., Simon P., «Efficient storage mechanisms for building better supercapacitors», *Nature Energy*, 2016, 1: 16070.

（本杰明·罗滕贝格　马修·萨拉内　帕特里斯·西蒙）

变氢为电

我要让电力变得极其廉价，
让蜡烛成为富人才负担得起的奢侈品。

——爱迪生

当今，随着人们逐步削减矿石燃料消耗，减少温室气体排放，氢有望在未来的能源转型中起到至关重要的作用。它具有很高的能量，应用范围广，涵盖了从手机充电到高续航里程车辆等大大小小的生产生活场景。

目前，燃料电池（PAC）是氢能源利用的主力军。它可以通过将氢气和氧气中的化学能转化为电能来高效发电，并只留下水作为反应唯一的残留物。燃料电池由两个电极组成，中间被可传导离子的电解质隔开（图 3.5.1），化学反应发生在电极／电解质界面。目前，该领域最有前景的两项技术使用的都是固体电解质。

首先是质子交换隔膜燃料电池（PEMFC），它被广泛运用于运输工具中。该应用场景下，使用的电解质通常是传导质子的聚合物材料。在阳极发生的反应如下：$H_2 \rightarrow 2\,H^+ + 2\,e^-$，阴极：$1/2\,O_2 + 2\,H^+ + 2\,e^- \rightarrow H_2O$，电解质和电极接触界面则需要铂基催化物。

其次是固体氧化物燃料电池（SOFC），它可在 700℃左右运转，主要应用于住宅供电或取代大功率发电机。其电解质选用的是一种氧离子导电固体氧化物，这时在阳极发生的化学反应如下：$H_2 + O^{2-} \rightarrow H_2O + 2\,e^-$，阴极：$1/2\,O_2 + 2\,e^- \rightarrow O^{2-}$。

碱性燃料电池（AFC）曾经被成功地应用在太空探索中。当时，该类电池配备的电解质是一种碱性循环溶液。时至今日，固体碱性膜的配备让它重新走入了人们的视线,引起了科学家的浓厚兴趣。

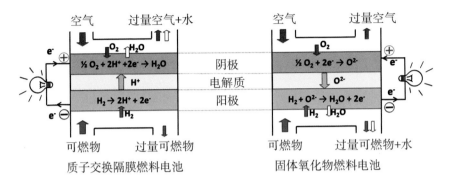

图 3.5.1　燃料电池工作原理图

当然,上述这些电池技术还不成熟。大量研究正如火如荼地进行着,尤其是针对聚合物、金属和陶瓷等新材料的开发。我们需要将质子交换隔膜燃料电池的工作温度提高到120℃以上,以改善其性能,同时降低电解液／电极界面的铂含量以降低成本。性能更好的陶瓷材料则能让固体氧化物燃料电池的工作温度降低到400℃。下面几个精彩案例(其中部分与法国原子能和替代能委员会合作完成),将会向我们展现化学是如何攻破这些技术难关且为我们带来诸多意外之喜的。

1 铂(催化剂)接枝技术

质子交换隔膜燃料电池的电极通常由 3 种类型的材料构成:可对电化学反应起到催化作用的铂纳米颗粒,可传导电子的碳粉,一种传导质子的聚合物。目前使用的全氟聚合物不仅在增湿作用和工作温度方面有很高的技术门槛,其生产过程还引发了不少环境问题,且回收要用到氟化学的专业知识。新的电极结构则可以摆脱全氟聚合物的束缚:铂纳米颗粒由碳聚合物接枝而成(图 3.5.2a)。乍看之下,接枝好像会改变铂的表面活性,继而影响到铂的催化活性。实际上,配备该技术的电池性能(图 3.5.2b)显示出了比传统制式中铂／

全氟聚合物／碳活性层更好的催化活性。

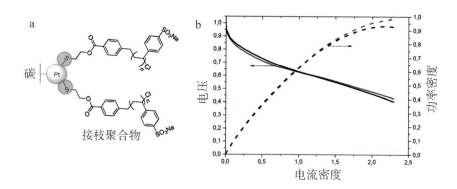

图 3.5.2 a. 由碳聚合物接枝而成的铂粒子示意图；b. 使用传统铂／全氟聚合物电极（黑色）和铂／接枝聚合物电极的燃料电池性能对比

2 小"孔"大"作"

目前，在质子交换隔膜燃料电池中用作催化剂的铂金属稀有且价格高昂。考虑到反应发生在其表面，我们可以使用纳米颗粒形式的铂，通过增加其比表面积来降低所需的铂含量，或是将铂与其他一些常见金属如钴和镍，结合成合金使用。通过观察实验，科学家还提出使用中空粒子为基质的解决方法。实际上，燃料电池运作时，铂钴合金会溶解形成一种钴含量较少的中空纳米颗粒（图 3.5.3）。这些粒子尽管密度较低但具有显著的活性和稳定性。之所以会有这种违反常理的观察结果，是因为反应产生的结构缺陷反而对铂的电子性质产生了有利影响，从而提升了铂的催化性。

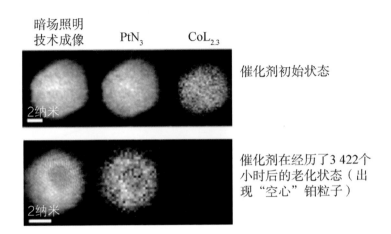

暗场照明
技术成像　　　　PtN₃　　　　CoL₂.₃

催化剂初始状态

催化剂在经历了3 422个
小时后的老化状态（出
现"空心"铂粒子）

图 3.5.3　铂钴催化剂（Pt₃Co）随时间发生演变：3 422 个小时后，开始出现空心结构，即贫含钴的"空心"铂纳米颗粒

3 铂金：完美催化剂

　　碱性燃料电池之所以备受追捧，是因为在碱性环境中，金属（和氧化物）具有更好的稳定性。在碱性条件下，金属表面会形成一层具有保护作用的钝化氧化物，而在酸性环境中，金属会形成可溶性物质，缺乏保护作用。然而，经科学家观察，即便在碱性环境中，碳负载铂催化剂也会呈现出强烈的降解（效果）。这种降解并不是铂溶解的结果，而是铂纳米粒子的高催化能力，促进了碳载体（支撑物）氧化成二氧化碳，继而转化为碳酸盐，直接导致铂纳米颗粒与支撑物材料的附着点（支撑点）破裂：没有了这层连接，纳米颗粒就不再参与电化学反应。由此我们可得出结论，即便将非常稳定的材料（铂和碳）结合在一起，也可能生成极不稳定的结构。

4 纳米粒子：提升质子电导率

目前，固体氧化物燃料电池中使用的电解质，大多是氧化钇稳定氧化锆（YSZ）。这种材料具有高氧离子电导率，耐高温，稳定性好，不受周围大气环境影响。只是，当电池在 900—1000℃ 的温度范围内运作时，电解质与阴极材料之间的化学反应会变得过于强烈。因此，科学家尝试用质子导电陶瓷取代氧化钇稳定氧化锆，它们可以在保证导电性能不变的情况下在较低的温度范围内（400—600℃）工作。令人意外的是，原本镍金属的掺入是为了提升这些材料的电子电导率，结果却无心插柳般地大大提高了离子电导率，这正合科学家的心意。实际上，在氢的作用下，一部分镍会在晶粒表面沉淀（图3.5.4），在高温下起到催化作用，加速质子渗入氧化物，从而提高了质子电导率。

图 3.5.4　固体氧化物燃料电池的电解质陶瓷颗粒表面，出现了镍纳米颗粒的沉淀，它加速了质子的渗入继而提高了离子传导性能

5 越简洁，越高效

固体氧化物燃料电池的氧电极材料既要能传导氧离子也要能传导电子，即具备所谓的混合电导率，目前能获得的最佳效果是使用如下化学式的氧化物：$Pr_2NiO_{4+\delta}$。只可惜这种材料在 700℃ 的温度下运作时极易老化和分解。奇怪的是，这种老化却并未影响到电极的电阻，后者在整个温度范围内都保持着稳定。对老化电极的分析表明，该电极中存在着多种相，如 $Pr_4Ni_3O_{10}$、$PrNiO_3$，以及简单的氧化镍和氧化镨（Pr_6O_{11}）。科学家对这些相分别进行了研究，结果出乎意料，最佳电极居然是由氧化镨组成，它可被用作制造 $Pr_2NiO_{4+\delta}$ 的前体，

且该材料表现出的电化学性能在现有的所有文献记录中都名列前茅!

参考文献

1. Dru D., Urchaga P., Frelon A., Baranton S., Bigarré J., Buvat P., Coutanceau C., «Conductive polymer grafting platinum nanoparticles as efficient catalyst for the oxygen reduction reaction : influence of the polymer structure», *Electrocatalysis*, 2018, 9: 640−651.

2. Dubau L., Asset T., Chattot R., Bonnaud C., Vanpeene V., Nelayah J., Maillard F., «Tuning the performance and the stability of porous hollow PtNi/C nanostructures for the oxygen reduction reaction», *ACS Catal.*, 2015, 5: 5333−5341.

3. Zadick A., Dubau L., Sergent N., Berthomé G., Chatenet M., «Huge instability of Pt/C catalysts in alkaline medium», *ACS Catal.*, 2015, 5: 4819−4824.

4. Caldes M.T., Kravchyk K. V., Benamira M., Besnard N., Gunes V., Bohnke O. et Joubert O., «Metallic nanoparticles and proton conductivity : improving proton conductivity of $BaCe_{0.9}Y_{0.1}O_{3-\delta}$ using a catalytic approach», *Chem. Mater.*, 2012, 24: 4641−4646.

5. Nicollet C., Flura A., Vibhu V., Rougier A., Bassat J.M. et Grenier J. C (2016), «An innovative efficient oxygen electrode for SOFC: Pr_6O_{11} nanoparticles infiltrated into Gd−doped backbone», *International Journal of Hydrogen Energy*, 2016, 41: 15538−15544.

（让－马克·巴萨　玛丽安·沙特奈

克里斯托夫·库唐索　奥利维耶·茹贝尔）

光伏最前沿：
在"光"与"电"的交汇处

微笑的成本比电低，
却带来同样的光明。

——阿贝·皮埃尔（Abbé Pierre）

化学的发展与科技的进步一直以来都密不可分，两者相辅相成。在人类寻找可持续且安全的能源供应这一挑战面前，化学的重要性更是不言而喻。

让我们先穿越时间，回到过去。自太阳系诞生以来，太阳就对地球产生着深刻的影响。地球的诞生、地球大气层的形成，乃至生命的起源都与太阳息息相关。今天，除了核能之外，地球上所有可用能源几乎都直接或间接地来自太阳辐射与地表的相互作用。

从地质年代来看，太阳光的能量先被转换为生物量并储存，随后转化为煤炭和石油。人类自古以来就习惯于通过燃烧矿物燃料来开发利用这些积蓄已久的能量；现在，人们则将研究的重点放在能源结构的转变升级之上，也就是开发可持续和可再生能源，例如风能和水力发电站利用的就是大气层中部分区域变暖（阳光加热）而引起的天气变化。

为了加快能源转型的步伐，光伏能源，也就是太阳能直接转化为电能，俨然成了能源组合（energy mix）里的关键一环。太阳光被光伏板吸收，光伏板再产生电荷载流子，即我们熟悉的电压和电流（图 3.6.1）。这一过程需要借助半导体物理和热力学方面的知识，涉及的方程式相当复杂。现有的理论足以支撑硅基光伏技术（硅基太阳能电池）的研发，这也是目前应用最广泛的

图 3.6.1　太阳能电池将太阳辐射直接转化为电能

一项光伏技术，多见于太阳能农场和屋顶采能。这项技术已相对纯熟，因此成本已大大降低，可发展的空间十分有限。为了突破这一瓶颈，目前的研究重点转向了开发功率转化效率更高的光伏电池，即将更大比例的太阳光转化为电能。如若可以提高太阳能组件的效率，就可以用相同的面积产出更高的电量。

为了制造新型光伏组件，我们必须动用分子化学和材料化学的一系列知识与工具。最新一代的太阳能电池装备有新型吸收材料，其化学复杂性远高于原先的硅。这些半导体材料由不同的化学组分构成，它们在整个装置中的相互作用成为影响新一代太阳能电池性能的关键。采用哪两种化学元素进行结合，各自占多少质量比例，诸多的可能性开辟出了一系列全新的道路，涌现出大量太阳能电池的新概念和新设计。

这方面，铜铟镓硒（CIGS）太阳能电池的兴起是个很好的例子，这几种材料常被用作太阳能电池的吸收层（吸收太阳能的部件）。在合金制作过程中，人们也可通过控制每种元素的浓度而改变合金的性能，如调节镓的浓度可以控制吸光特性。这种技术让设计新电池成为可能，并通过结合功能不同的材料尽可能地减少热量形式的电损失。

图 3.6.2 掌握化学过程对未来光伏器件的发展至关重要

化学家也并未就此满足（图 3.6.2）。为了创造更高效的能源转化系统，他们提出了许多奇思妙想，以更多天马行空的方法来制造可捕捉太阳能的薄膜。通过分子合成化学技术得到的有机分子为我们带来了许多新化合物。它们被设计为电解质型太阳能电池的染料，可以吸收太阳光谱的特定部分并传导电流。这种有机太阳能电池的概念为我们提供了诸多新的应用场景，因为光伏器件可用墨水打印在柔性支撑材料上。有机电子技术的领域就此开拓。从此，太阳能电池有望被集成到柔软的材料或纺织品中，从而运用于服饰、帐篷、背包或可折叠设备的制造中。

目前，一种新型有机染料太阳能电池技术的突破大大振奋了光伏领域：卤化钙钛矿太阳能电池。这种新型吸收剂是一种结合了有机与无机的混合材料。该技术的关键就在于对化学合成路径的掌握。这些化合物可从溶液中制备，然后经低温处理，整体成本较低。通过调整墨水的配方，可将光敏活性层涂覆在可大规模印刷的框架上，以制造太阳能电池。

当然，任何一种新技术的诞生都伴随着新的挑战。上述案例中，最大的技术挑战就是光活性层内特定的化学相互作用。由于离子的迁移会造成一定的不稳定性，须研发出适当的稳定技术来加以规避。除此之外，在这些元件内部，吸收材料会与其他有机或无机功能层结合。这类功能层有几百纳米的厚度（相当于人的头发丝厚度的百分之一），其中包含的物质相对稀少。这些性质迥异的材料之间发生相互作用，容易导致电池降解，例如材料间热通胀的差异，尤其是材料化学性质的差异（导致的氧化还原反应或酸碱反应等），都必须加以控制。

上述的材料界面堪称这些新技术的"阿喀琉斯之踵"，能够有效控制界面的化学反应成为突破技术瓶颈的关键。当然，补救方法并非没有：在传统的硅太阳能电池中，化学早已默默地发挥着关键作用，例如表面钝化，也就是饱和硅原子的悬键，是避免载流子复合损失的关键。新型吸收材料的出现，则让钝化方法变得更为复杂。多元素半导体具有丰富的原子种类，聚集于界面处，每一种都可能与相邻功能层的原子形成不同的化学键。攻克这些技术难题，需要我们对这些潜在化学反应有深入的理解，并通过化学工程技术优化每一种功能材料和界面。

由此可见，化学家不啻光伏研究的中流砥柱，他们正潜心开发新一代太阳能设备，以更好地利用太阳的力量。

参考文献

1. Schulz P., Cahen D., Kahn A., «Halide perovskites: is it all about the interfaces?», *Chemical Review*, 2019, 119: 3349–3417.

（菲利普·舒尔茨　娜塔纳埃尔·施耐德）

废热回收：
化学造福热电

万物中皆可获利，
任何有用之物都不可轻视。

——黎塞留（Cardinal de Richelieu）

1 "热"不偿失

在发动机燃烧或车辆制动产生的热量中，超过70%都被浪费了。为了节约化石燃料，回收这种所谓的"废热"成了诸多研究的重心所在。那么，有机化学与无机化学又是怎样参与到这样一场"回收大业"里来的呢？

答案便是电热材料。正如塞贝克（Thomas Johann Seebeck）在一个多世纪前所证明的那样，某些材料具有特殊的电热学特性，即当有一股热流通过时，材料会产生电压。相反地，在有电流通过时，材料两侧表面之间会产生温差，这就是用于制造制冷系统的珀耳贴效应。

这里我们要说的，则是一种利用了塞贝克效应的系统：拿一个热传导发电机，将两种不同的材料结合，形成两个平行的棒状结构，用于传导试图收回的热能（原理如图3.7.1所示）。这些热力学上平行安装的棒对，分别被连接到电极上以产生电压，电压数值则是每对材料的塞贝克电压之和；因此，这是一组串联的电气组件。直观上看，这种部件的性能显然取决于材料的热电性质。然而，尽管学界进行了大量研究，我们还是很难在日常生活中见到它们的身影：其广泛运用仍需攻破一些技术壁垒。事实上，到目前为止，这种技术仅被

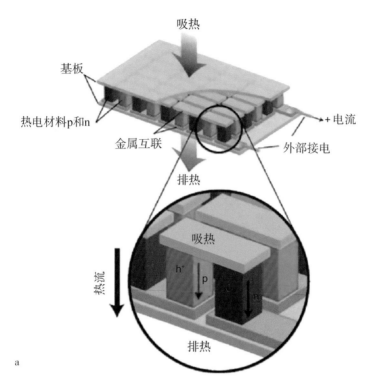

图 3.7.1　a. 根据法国卡昂大学肯法维（Driss Kenfaui）2011 年的博士论文绘制的热电发电机原理图；b. 商业发电机设备图：当热流通过模块时，在两个面（热侧和冷侧）之间产生温差，通过并联和串联热安装的热电材料棒在两个连接器之间通过塞贝克效应产生电压；根据珀耳帖效应，向模块两端施加外部电流会导致表面之间的温差

运用在了像"旅行者号"空间探测器这样的尖端领域：放射源产生的热量与接近绝对零度的星际真空之间存在着巨大且稳定的温差，这个环境条件有利于热电发电机产出空间探测器工作所需的电力。

2 折中之法

那么，我们所寻找的"好材料"到底应具备什么样的特性呢？首先，它应是好的导电体，使电可以在其中流动，但它的导热性又不能太好，这样才能维持冷热面之间的温差。材料的热电功率由塞贝克系数（$S = \Delta V / \Delta T$，单位：伏特每开尔文）决定，它反映了在温差（ΔT）作用下，冷热两端之间产生的电压（ΔV）。这个塞贝克系数必须很高才行。这样看来，我们所寻找的理想材料从本质上就有点互相矛盾：金属不太合适，它的热导率太高，塞贝克系数很低；绝缘材料也不合适，虽然它的热导率很低，但电阻率却很大，会阻碍电流的通过！

一番筛选，能符合条件的已知材料几乎只剩下半导体，它们的塞贝克系数往往很高（几十毫伏特每开尔文，其符号和绝对值可通过控制掺杂杂质来调节）；它们的电阻率不是很高（约 $m\Omega.cm$ 级别，同样也因掺杂而异）；不过它们的热导率仍然过高（几瓦特每开尔文·米）。综上，目前应用最为广泛的商业材料是碲化铋（Bi_2Te_3），它可用电子（n 型）或空穴（p 型）来掺杂，在空间探测器上使用的则是锗硅合金。

3 无机材料中的电传输与热传导

固体物理学的基本原理告诉我们，材料的电阻率和塞贝克系数是息息相关的。随着电荷载流子浓度的增加，电阻率和塞贝克系数会降低。因此，在材料中，存在一个与最佳功率相对应的最佳电荷载流子浓度。化学家也在努力寻找最佳掺杂剂来接近这一理想值。在该领域，法国固体物理实验室的谢勒

（Scherrer）兄弟和他们的学生一起，一直在进行碲化铋材料的研究，并成功掌握了控制优化晶体生长的方法。

然而，配备有该材料的热电模块效率仍然较低：在最佳温度范围内，通过模块的热量仅有 5% 被转化为电力。化学家到底要怎么做才能打破这一物理学瓶颈呢？他们可以利用电子（电）和热（热导率 k）传输机制的不同性质。在绝大多数热电材料中，热的传输主要是通过原子晶格的振动进行的，这种振动被称为声子。在较高的温度下进行能量转换时，主要是所谓的声学声子在传输热量（因为它们与声音在材料中的传播方式相似）。在等效功率因数（不改变功率因数的情况）下，化学家可以在不同尺度上（甚至小到原子）调整材料结构，减少声子对热导率的影响。

目前，科学家所遵循的研究路径最早由斯拉克（G. Slack）提出，其中心思想是将电荷的传输（理想情况下是完美的晶体，被称为电子晶体）与声子传输（声子玻璃）解耦。这也是为什么，目前最佳的热电性能材料是如碲化铋或碲化锑这样的超级晶格：这两种材料具有相似的电学性质，通过周期性地沉积各自的原子层，顺着堆叠方向运动的电子不受它们之间共格界面的干扰，功率因数得以保持不变。相反地，由于铋原子和锑原子质量上的差距会严重影响晶格的振动，降低声子对热导率的贡献。因此，该合成材料的性能比两种材料各自的性能都提升了两倍以上。

4 迈向低成本热电材料

两种热电材料之间的交互生长让科学家深受启发，它向我们展示了如何达到类似玻璃那样的热导率下限。研究人员提出了各种策略以控制材料内晶体的尺寸，最终制造出电子相干但声子去相干的界面（即为电子创造共格界面，而为声子创造不共格界面）。因此，在氧化锌陶瓷中，由于掺入铟原子而导致的平面缺陷破坏了声子的传播，其环境温度下的热导率降低了整整 80%。

可见，新型热电材料的研究才刚刚起步（图 3.7.2）。事实上，生活中有诸多废热聚集地，例如建筑立面或屋顶等长期暴露在阳光下的大面积区域，它们都因无机材料生产成本太高而无法得到妥善利用。因此，聚合物集成很可能成为未来规模化生产大面积热电转换器的关键。这些材料往往具有"玻璃"般的热特性，是热电材料的有力候选。

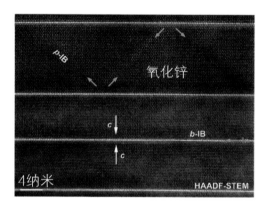

图 3.7.2　氧化锌陶瓷在高分辨率电子显微镜下的成像：图像显示，材料合成过程中特意掺杂的铟离子造成了平面缺陷（也称为 p–IB 和 b–IB），这些缺陷阻碍了声子传播，因此室温下热导率降低了 80%；图中的白点代表重原子锌和铟

参考文献

1. Fleurial J.P., Gaillard L., Triboulet R., Scherrer H., Scherrer S., «Thermal properties of high quality single crystals of bismuth telluride – Part I: Experimental characterization», *Journal of Physics and Chemistry of Solids*, 1988.

2. Nolas G.S., Sharp J., Goldsmid H.J., *Thermoelectrics*, 2001, Springer, Berlin.

3. Venkatasubramanian R., Siivola E., Colpitts T., O'Quinn B., «Thin–film thermoelectric devices with high room–temperature figures of merit», *Nature*, 2001, 413: 597–602.

（安托万·迈尼昂）

约瑟夫·路易·普鲁斯特：
从马恩河畔到曼萨纳雷斯

瓶子炸掉的那一刻，就该收手的。

——R. 戈西尼 & J. - J. 桑贝（R. Goscinny & J. - J. Sempé）

从法国昂热市中心的团结广场出发，顺着夏普隆尼大街，穿过圣皮埃尔车行道和拉莫路口，便可到达昂热大教堂前的圣十字广场。广场可以通往圣奥宾塔和昂热美术馆。继续顺着诸圣路走下去，你会一路经过市图书馆以及与街同名的古修道院（现已改造为大卫·当热美术馆），最终抵达昂热城堡。

如果你一路打量沿街的建筑，便会注意到广场街 9 号的外墙上挂着一块铭牌，上面写着："J. L. 普鲁斯特故居，药剂师 - 化学家，法兰西学院院士，马德里大学教授（1754—1826）"。老一辈的人可能还记得这里早年间有个同名的药房。如今，游人路过此地，大多会以为这铭牌是在纪念某位移居西班牙且不为人所知的本地学者。那么，这一位"普鲁斯特"，真的这么不为人知吗？

让我们回到 1754 年。那一年，约瑟夫·路易·普鲁斯特（Joseph Louis Proust）在昂热呱呱

图 3.8.1　雕塑家大卫·当热（Pierre-Jean David d'Angers）雕刻的普鲁斯特半身像，现存于昂热市的大卫·当热美术馆

坠地（图 3.8.1）。他的母亲是萨特（Marie Rosalie Sartre），出身于医学世家的父亲约瑟夫·普鲁斯特（Joseph Proust）则经营着一家药房。约瑟夫·路易·普鲁斯特的职业生涯似乎就此敲定：大哥若阿基姆·普鲁斯特（Joachim Proust，1751—1859）会继承家业成为药剂师，身为二哥的他则在一旁辅助兄长。由于两个哥哥在昂热的奥拉托利会学校成绩十分优异，于是家中最小的弟弟弗朗索瓦·雅克·普鲁斯特（François Jacques Proust）远游在外去了毛里求斯岛。尽管若阿基姆和约瑟夫·路易留在了父亲身边接受训练，但他们也渴望去外面的世界闯一闯，那去哪里好呢？首选当然是巴黎：约瑟夫·路易在巴黎可谓师从名门。当时大名鼎鼎的化学家拉瓦锡把他收入门下，并在 1776 年举荐他成为巴黎萨尔佩特里埃慈善医院的首席药剂师。约瑟夫·路易也趁此良机"精进"自己的化学知识，为此还招致了不少来自上级的责难，认为他"把最昂贵的药品滥用在了化学实验"中。此外，他还引发了不少意外事故：约瑟夫·路易自己回忆道，1801 年的某天，他正和哥哥一起用干法制备朱砂（α - HgS），"短短不到半个小时的时间里，萨尔佩特里埃慈善医院的药房里就接连传出了两声巨大的爆炸声"。

在巴黎，约瑟夫·路易的交友圈可不仅限于化学家和药剂师：对航空航天十分痴迷的他还结识了以捣鼓热气球出名的皮拉特尔·德罗齐耶（Jean-François Pilâtre de Rozier），并且在 1784 年 6 月 23 日那天登上了其中名为"玛丽·安托瓦内特号"的著名热气球。他们当着法国国王和瑞典国王的面，从凡尔赛宫升空，最后降落在了尚蒂伊（图 3.8.2）。这一飞，一举打破了飞行距离、飞行速度和海拔高度 3 项世界纪录。刺激程度简直不亚于凡尔纳（Jules Verne）的小说！

约瑟夫·路易和西班牙的渊源则可追溯到 1778 年，当时他接受了瓦尔加拉的一个职位并在那里建立了实验室。很快，他的实验室在整个欧洲大陆声名远播：正是在那里，人类首次分离出了钨（1784 年），提炼出了铂（1787 年）。1784 年，约瑟夫·路易接受了塞戈维亚的一个教职，教授化学与冶金。1789 年，

图 3.8.2　1784 年 6 月 23 日，皮拉特尔·德罗齐耶和约瑟夫·路易乘坐着热气球"玛丽·安托瓦内特号"从凡尔赛宫升空

他前往马德里，成为化学学院院长。不过这段西班牙时光在 1807 年走到了尽头：这一年，拿破仑统治下的法国向西班牙宣战；他位于马德里的实验室在 1808 年被毁。约瑟夫·路易回到了自己的故乡昂热。他先是在自己位于克朗的宅邸厨房里分离出了亮氨酸，又在卢瓦尔河畔的布里奥莱镇结识了著名化学家谢弗勒尔（Michel Eugène Chevreul）。约瑟夫·路易于 1817 年再度回归昂热，从此一心扑在了昂热药剂师实验室的工作上。

约瑟夫·路易在西班牙待了将近 30 年，所获成就数不胜数，且不仅限于化学领域：矿物学（包括陨石）、海洋生物学（他在 1816 年发表了一篇与鲸类相关的论文），甚至连营养学的内容（面包、奶酪、糖、大麦、啤酒、酵母等）他也都有所涉猎。

论起约瑟夫·路易流传后世的学术遗产，可谓不胜枚举，其中最著名的便要数定比定律[*]了。他做实验时一向极为严谨细致，会一丝不苟地记录下实验的方方面面，包括手法和用量等。渐渐地，他从自己的分析化学实验里总结出了一套定比定律，也因此和贝托莱掀起了一场旷日持久的论战。不过，普鲁斯特遗憾地止步于提出"百分比"的概念，没能进一步解释其原因。在这一点上，道尔顿（John Dalton）走得更远，他提出了更为究极的原子学说。两人都被尊为现代化学计量学（stoichiometry，即参与化学反应的物质须遵循的一定比例）的奠基人。这一基本原则也印证了拉瓦锡和里克特（Jeremias B. Richter）的预感。

约瑟夫·路易·普鲁斯特于 1826 年 7 月 5 日在昂热的城堡广场去世。他的死亡证明上称其为"业主、法兰西学院院士（1816 年，接替德莫沃的席位）和法国荣誉军团骑士（1810 年）"，对他在化学和药剂学方面的造诣却只字未提。相比之下，1785 年因意外事故身亡的"热气球专家"皮拉特尔·德罗齐耶反倒自称是"西班牙王国的化学教授"，并让约瑟夫·路易，这位从马恩河畔走出来的优秀化学家作为自己的遗嘱执行人。如今，可供我们瞻仰的，只剩一尊精美青铜胸像（图 3.8.1）和一块奖章了。

延伸阅读

1. Fournier J., «Louis-Joseph Proust (1754–1826) était-il pharmacien?», *Revue d'histoire de la pharmacie*, 1999, 321: 77–96.

2. Fournier J., «Deux contributions majeures à la définition de l'espèce chimique :

---

　　[*] 即定比法则，也叫"普鲁斯特法则"。——译者

Proust et Chevreul», *Bulletin SABIX*, 2012, 50: 45−59.

3. Silvan L., *El quimico Luis José Proust (1754−1826)*, éditions Vitoria, 1964.

4. David H., «Une correspondance inédite du grand chimiste Joseph Louis Proust, apothicaire, éclairant sa biographie (1754−1826)», *Revue d'histoire de la pharmacie*, 1938, 101: 266−279.

5. Fournier J., «Les pharmaciens et la récolte du salpêtre sous la Convention: l'exemple de Joachim Proust (1751−1819)», *Revue d'histoire de la pharmacie*, 2003, 337: 79−102.

（奥利维耶・帕里塞尔）

分子助你"一步登天"

循此苦旅，以达繁星。[*]

——维吉尔（Virgil）

同我们熟知的飞机一样，运载火箭与卫星都是通过反作用原理来实现推进与升空的。为了产生足够的推力，引擎需要通过一个叫喷管的小口将气体喷射出去。这就和我们释放一只充满气的气球如出一辙：松开气球的口子，球内的气体瞬间向外喷射，推动气球向前运动。但一个运载火箭显然远重于气球，并且它得飞得足够快才能摆脱地球引力的束缚：这就离不开大量的气体。因此，我们需要非常强劲的燃料和高氧化性的氧化剂来产生足够的推力。卫星虽然比火箭要轻得多，可体积也小得多，可谓"寸土寸金"：我们得尽可能寻找轻巧的燃料，以避免过多占用科学仪器的存放空间（图 3.9.1）。这也意味着要寻找一种不依赖氧化剂就能工作的发动机引擎，因为两种反应物会占去大量的位置。在空间领域，一切用于产生助推气体的物质，无论是单一物还是混合物，都被称为推进剂。

过去，大多数的推进剂都是聚合氮化合物，例如 NH_2-NH_2（肼）或其甲基衍生物 $CH_3-NH-NH_2$（甲基肼）。肼类化合物在室温下是液态的（易于储存），且能量密度高，因此广泛应用于火箭和卫星的推进系统。遗憾的是，这类化合物毒性也很大，且难以满足现代大型火箭的能量需求。在阿丽亚娜 4 型运载火箭和阿丽亚娜 5 型运载火箭的早期型号（仅用于二级火箭）上，我们能见

---

[*] 原文为 "Sic itur ad astra"，是蒙戈尔菲耶家族（Montgolfier）座右铭，自该家族 1783 年被升为贵族以来一直沿用至今。

图 3.9.1　CSO/MUSIS 卫星照片

到这类化合物的身影。直到今天，肼仍被应用于控制卫星姿态的引擎中。

　　阿丽亚娜 5 型火箭的主发动机（图 3.9.2）目前使用的燃料是更为高效的液态氧 / 液态氢（LOX-LH2），此外还附加有一个固体燃料助推器。液态氢的密度非常低，只有 70 千克 / 立方米。相比之下，水的密度则是 1 000 千克 / 立方米，可想而知，携带液态氢作为推进剂得占去火箭多少宝贵空间！我们不得不建造大型的燃料储存器，因为这是火箭唯一的动力来源。如此一来，有效荷载必然大受限制不说，还必须采用多级火箭结构才能将卫星送入轨道，这样的工程耗资巨大！另外，将肼类化合物注入卫星推进剂储存箱是一个棘手的过程，需要进行复杂的毒性处理且代价十分高昂。

　　目前，专家们正在努力建造更轻便、更强大、更简单且不会排出有毒气体的火箭。理想状态下，只要能找到一种单一推进剂，就可大大简化卫星或运载火箭的发动机系统。但实际情况复杂得多：对于运载火箭系统而言，

图 3.9.2 阿丽亚娜 5 型运载火箭发射升空

推进剂需要在短时间内提供高强度的推力，且其在发射前的最后一刻才被装载。对于卫星推进系统来说，推进剂往往需要能在卫星上稳定地储存 10 年，提供不同推力以实现对卫星姿态的机动控制。

为此，多种高氮化合物被科学家引入燃料研究中，用于运载火箭的多级系统。美国国家航空航天局（NASA）开发了二甲基叠氮乙基胺（DMAZ，图 3.9.3）。法国国家科学研究中心肼与高氮能量化合物实验室（LHCEP）则专注于开发四甲基 -2- 四氮烯（TMTZ）家族的化合物。与肼相比，这些化合物挥发性较小，性能相仿，且毒性更低。

在卫星控制方面，研究的重点则落在离子液体上：这是一种熔点低于环境温度的盐,因此本质上是不易挥发的,这大大消除了人类通过呼吸道接触有毒气体的风险;它们的密度高于肼,成为缩减储存空间的关键。瑞典国家航天局开发了一种以二硝酰胺铵(ADN,图 3.9.3)为基础的单一推进剂,它比肼更高效且毒性要小得多。早在 2010 年,这种推进剂就在 Prisma 卫星上进行了测试。NASA 则正在研究硝酸羟胺(HAN)作为新型推进剂的可能性。这些分子既包含氧化剂(二硝胺或硝酸盐阴离子),又包含还原剂(铵或羟铵离子),两者之间可以相互反应。

今天,不管是不是离子液体,专家们都希望能找到一种熔点足够低的推进剂:只要不容易在太空中冻结,就不需要浪费大量的能量来保持推进剂的液态状态。

针对运载火箭,科学家的主要目标是能够合成一种性能不亚于 LOX-LH2,且密度与肼相似的推进剂。计算表明,N-N 键(氮 - 氮)尽可能多而碳原子尽可能少的分子有望实现这一目标。这种物质被称为高能量密度材料(HEDM)。在此类别中,八氮立方烷(N_8)会是我们寻找的终极目标。然而,这种分子目前还未被发现,化学家正在努力尝试合成它。当然,我们往一个分子里注入越多的能量,它就越容易爆炸,这可不像造烟花爆竹那般简单。

图 3.9.3　各种不同推进剂的分子结构

高密度且高能量的完美组合是所有火箭设计师追逐的"圣杯"，它能帮助人们实现那个梦寐以求的信条："一箭登天"（SSTO）[*]，仅用一级火箭便能直达轨道，直抵星辰大海。这也正是法国国家空间研究中心（CNES）的研究方向。CNES 的科学家正竭力研发一种结构简洁的火箭，由一种单一高能量密度材料液体作为推进剂，用比今日矮半截的火箭，将有效载荷送入预定轨道。

参考文献

1. Turner M. J. L., *Rocket and Spacecraft Propulsion, Principles, Practice and New Developments* 3e éd., Springer, Berlin, 2009.

2. Dhenain A., Darwich C., Miro Sabate C., Le D.−M., Bougrine A.−J., Delalu H., Lacôte E., Payen L., Guitton J., Labarthe E., Jacob G., «(E)−1,1,4,4−Tetramethyl−2−tetrazene (TMTZ): a prospective alternative to hydrazines in rocket propulsion», *Chem. Eur. J.*, 2017, 23: 9897−9907.

3. Guelou Y., «Ariane ultimate, le futur du lanceur», *Espace et Exploration*, 2019, 49: 72−79.

（罗马尼·贝莱克　约翰·艾曼　居伊·雅各布

埃马纽埃尔·拉科特　安妮·雷诺）

---

[*] Single stage to orbit，即用一级火箭即可进入轨道。——译者

4

真材实料

图 4.0　沸石晶体不均匀生长，图像代表的实际宽度是 9 微米

从化学试验台到超级计算机

正如他本人所言，

狄拉克用他的电子相对论性方程，

成为第一个，

让量子力学和相对论"喜结连理"的人。

——理查德·P. 费曼（Richard P. Feynman），1986 年

1929 年，物理学家狄拉克（Paul Dirac）曾写道，尽管人们早已知晓了掌管化学的所有物理定律，但描述这些定律的方程式极其复杂，想解开它们难于上青天*。实际上，化学的基本数学模型并不复杂，与描述行星绕太阳运动的数学模型类似。但在原子如此之小的尺度上，经典的牛顿方程式不再有效，取而代之的是薛定谔方程。这些方程式牵涉数千个电子和原子核，求解难度可想而知（图 4.1.1）。

历史上，化学家也曾毫不犹豫地在研究中引入了简单明了的近似模型，例如将原子和化学键类比成球和弹簧。在当代，超级计算机已可为一个细菌大小的系统建模。比如，它已能完全模拟由 6 400 万原子组成的 HIV 病毒壳体的完整模型（图 4.1.2）。只可惜，这些一目了然的模型，并不能用来描述化学。

尤其是在面对涉及大量电子云重组的化学反应时，我们不得不抛弃简单模型，勇敢地挑战薛定谔方程。该方程明确地将电子纳入考量，电子可以自由地重组其电子云，继而更准确地描述化学键的形成和断裂。

---

* "对部分物理学和整个化学体系来说，最底层的理论是完全已知的，但难点在于根据理论所构建的方程过于复杂而不能被实际用于求解。"

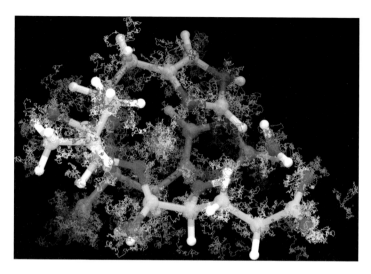

图 4.1.1　β 淀粉样肽分子的一个区域模型；基于蒙特卡洛量子计算法模拟出的电子轨迹

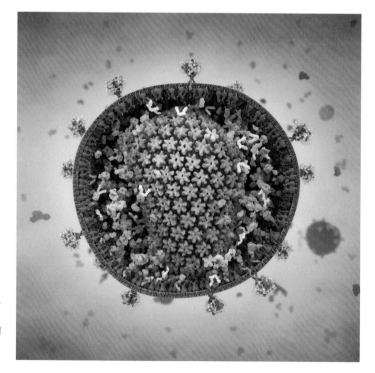

图 4.1.2　HIV
病 毒 壳 体 的
结构

遗憾的是，只有对于极小的系统如氢原子（相当于天体力学里的地月系统），计算机才能求解出精确的量子力学方程。因此，想要模拟出分子中电子的动力学机制，我们必须求助于近似算法（量子近似优化算法）。根据系统的大小，有不同程度的近似处理方法。最近似的量子方法可以处理包含几十万个原子的系统。与此相反的是，精确计算打破一个水分子所需的能量，可能要耗费一台超级计算机数天的时间。

信息科学诞生之初，还是一个需用穿孔卡片给计算机下达指令的时代，自那时起，各大计算机中心就活跃着理论化学家的身影，他们日夜围着世界上最强大的一台台电脑团团转（有时甚至会在停车场的房车里过夜）。2020年1月，法国国家科学研究中心的计算中心——信息科学发展与资源研究所（IDRIS）——启用了 Jean Zay 计算机，该机器可跻身全球最强大的 100 台计算机之列（图 4.1.3）。

图 4.1.3　这台超级计算机以法国前教育部部长扎伊（Jean Zay）命名，纪念他与贝朗（Jean Perrin）一起创立了法国国家科学研究中心；在 2019 年夏的初始配置中，该计算机每秒能进行 1 390 万亿次操作（运算）

20 世纪 50 年代初，计算机主要用来攻克最困难的计算步骤。计算结果仍然需要传送给"人脑计算机"，即由科学家人工完成后续的计算。人类首次完全在计算机上完成量子化学计算是在 1958 年。随着信息科技的突飞猛进及算力的持续稳定发展，理论化学也在飞速成长。

计算机的算力一般以 FLOPS 作为衡量单位，其内涵是计算机每秒能够执行的最大数学运算量（每秒浮点操作数）。计算机算力在过去的 30 年里经历了指数级增长。还记得那些不断更新的前缀吗？kilo（千）、mega（百万）、giga（十亿）、tera（万亿）、peta（千万亿）、exa（百亿亿），每一个级别的算力相比于前一级别都高出了 1 000 倍。1995 年，世界上最强大的计算机是一台日本计算机，它由 140 个处理器组成，每秒可执行 1 700 亿次计算，即 170GFLOPS 的算力，功率约为 500 千瓦（约等于 5 000 个 100 瓦的灯泡）。今天，一台普通台式机的算力已达到 170GFLOPS，但其功率只有 100 瓦（相当于几个灯泡）。2020 年 11 月，世界五百强计算机排名第一的是一台日本机器，算力为 537PFLOPS，相当于 300 万台普通台式机，功率约 30 000 千瓦。2021 年，第一台百亿亿级（exaFLOPS）的计算机在美国落成。

　　矛盾的是，如此浩瀚的算力却变得越来越难以为人所用了。20 世纪 90 年代末，处理器频率（即处理器每秒执行的时钟周期数）逐年增加，想要更快地运行一个程序只需更换一台更先进的计算机。随之而来的弊端是，处理器频率每提高一倍，功耗就会增加 8 倍。这很快成为每一位处理器设计者面前一道几乎不可逾越的障碍。想增加一倍的算力，而功耗也只增加一倍呢？最简单的方法是就是将处理器的数量增加一倍。想要更节能一点？那就不要复制整个处理器，而只复制执行计算的组件，也就是我们说的计算核心：不再专注于提高处理器速度，而是提高处理器数量。因此，在 2000 年初，我们见证了多核处理器的诞生。今天的超级计算机拥有数百万个核心。随后，一些超级计算机引入了加速器，它可以比处理器更迅速地完成某些特定任务，例如图形处理单元（GPU）在简单计算大型数据集（如一幅图像中的像素）方面极具优势。这时，单单把你的程序放在一台带有加速器的多核计算机上运行是远远不够的，想要运行得更快，肉眼可见地节省更多时间，就必须让程序的不同部分在多个计算单元上同时运行。这样做则会大大增加编程的复杂度，因为程序不再是按顺序执行的，而是并行执行的：程序员必须了解在大型处理器上同时运行的各项内容，合理编排任务的分配，尽可能减少处理器的空窗期。

过去，只要减少算法中的运算操作次数，就可以实现加速。今天，情况则没这么简单了。过去 30 年里，内存技术也在迅猛发展，但发展速度始终追不上算力。计算速度和数据传输速度之间的差距与日俱增，导致以下状况屡见不鲜：计算核心不得不空等上几百个周期，数据才姗姗来迟，在此之前，核心无法进行任何操作。因此，增加算法中的浮点运算数反而能让数据传输更流畅，继而达到加速的效果。

不难理解，计算机器本身的技术壁垒对未来开发的算法性质有着深刻的影响。现在的计算方法与 20 世纪时的相比已大不相同，因为它们必须适配当今的机器。这些算法必须具有并行性和很高的算数强度，也就是说，要能够产生比数据传输更多的操作。

量子化学的下一次重大革命很可能就发生在引入量子计算机之时。这类计算机与现有机器是如此不同，我们必须学习掌握如何对量子计算机进行编程：数以百万计的代码需要改写。这是一项无比艰巨的任务，但理论化学家正努力迎头赶上，接受时代的挑战。

参考文献

1. Dirac P. A. M., «Quantum mechanics of many-electron systems», *Proceedings of the Royal Society of London*; Series A, 1929: 714.

2. Roberts E., «Cellular and molecular structure as a unifying framework for whole-cell modeling», *Curr. Opin. Struct. Biol.*, vol. 25, apr. 2014: 86-91.

3. Zhao G. *et al.*, «Mature HIV-1 capsid structure by cryo-electron microscopy and all-atom molecular dynamics», *Nature*, vol. 497, n° 7451, 29 may 2013: 643-646.

4. Scemama A. *et al.*, «A sparse self-consistent field algorithm and its parallel implementation : application to density-functional-based tight binding», *J. Chem. Theory Comput.*, vol. 10, n° 6, 10 june 2014: 2344-2354.

5. Caffarel M. *et al.*, «Communication : toward an improved control of the fixednode

error in quantum Monte Carlo : the case of the water molecule», *J. Chem. Phys.*, vol. 144, n° 15, 21 apr. 2016: 151103.

6. Mulliken R. S., Roothaan C. C. J., «Broken bottlenecks and the future of molecular quantum mechanics», *Proc. Natl. Acad. Sci. USA*, vol. 45, n° 3, 1959: 394–398.

7. «Ordinateur : les promesses de l'aube quantique», *CNRS Le journal*, 14 avril 2019, https: //lejournal.cnrs.fr/articles/ordinateur-les-promesses-de-laube-quantique.

8. Jaffrelot Inizan T., Célerse F., Adjoua O., El Ahdab D., Jolly L.-H., Liu C., Ren P, Montes M., Lagarde N., Largardère L., Monmarché P., Piquemal J.-P., «High-resoution mining of the SARS-CoV-2 main protease conformational space: supercomputer-driven unsupervised adaptive sampling», *Chemical Science*, 2021.

（安东尼·塞马马）

看见分子，操纵分子：从虚拟到现实

他们不知这不可能，
于是就索性做了。

——马克·吐温（Mark Twain）

从达·芬奇时代开始，人们便知道科学家喜欢图像思维。化学家尤其如此，他们孜孜不倦地探求分子的形状和运动轨迹，甚至还专门设立了研究分子形状的学科分支。直到不久前，分子世界的样子对我们来说还是完全陌生的，人们只能借助想象去构筑这个隐匿于日常生活表象之下的微小宇宙。现在，就让我们去分子世界一探究竟，看看研究人员是如何一步步勾勒出这个时刻围绕着我们的奇妙世界的。

20 世纪之初，冯·劳厄（Max von Laue，1914 年诺贝尔物理学奖得主）为观察原子位置奠定了基础，他根据 X 射线衍射实验的测量数据为我们重建了分子结构模型。最早的分子模型由科学家用铁丝和橡皮泥等材料搭建而成，然后再用手绘下来。波林（Linus Pauling）的团队中就有一位优秀艺术家海沃德（Roger Hayward），他专门为分子绘制水粉"肖像"（图 4.2.1）。

很快，计算机成为科学家的好帮手。利文索尔（Cyrus Levinthal）在示波器上绘制的蛋白质图像直到今天还让人印象深刻，它和早前的铁丝模型在形象上有异曲同工之妙（图 4.2.2a）。这不仅是一项科学上的创举，更是技术上的突破。更多的应用创新随之而来，让无数愿意拥抱新技术的化学家跃跃欲试。1966 年，萨瑟兰（Ivan Sutherland）开发出了第一款虚拟现实头盔（图 4.2.2b），

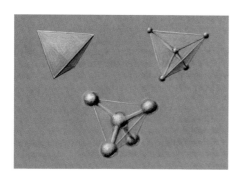

图 4.2.1 海沃德用水粉绘制的两个简单分子：左图为甲烷分子，右图为乙烯分子（美国俄勒冈州立大学特殊馆藏）

被命名为"达摩克利斯之剑"。他在虚拟影像里纳入了分子结构图形。他的计算机公司后来一直在为众多化学家提供研究所需的数字投影环境（图 4.2.2c）。

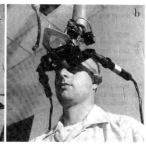

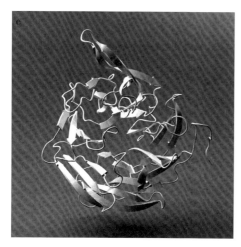

图 4.2.2 a. 利文索尔分子建模系统的硬件设备，包括一个 PDP-7 型号迷你计算机（后方），一个编程控制台（中间）和一个位于前方的显示操纵台，操纵台配有一个类似"地球仪"形状的装置，用来控制图像旋转的方向和速度，"地球仪"边放置了一个不明分子模型；b. 由计算机工程师萨瑟兰于 1966 年发明的第一款虚拟现实头盔"达摩克利斯之剑"；c. 蛋白质骨架的"带状图"，这是由 Alphafold 算法计算出的 3D 结构

不久之后,化学家已不再满足于单纯地"看见"分子,他们还想操纵分子,与分子互动。理论化学,尤其是分子模拟,让预测原子的行为和运动成为可能,就像天气预报通过计算机模拟预测天气一样。借助数值模拟分子建模技术,人们可以通过真实的动态影像来阐明原子的演化。化学家要做的则是进一步区分这些运动中,哪些是由热力学因素引起的,哪些是分子本身的反应机制。

为了了解分子是如何运作的,研究人员需要借助各种工具来可视化这些分子的形状并操纵它们的三维结构。但这些分子与日常生活中那些肉眼所见的物品大不相同!我们需要让分子变得近在咫尺,伸手可触,且栩栩如生,不仅可以环绕观察,甚至还能把头伸进去一探究竟!结合最先进的可视化技术和模拟技术,我们得以在虚拟现实中仔细地观摩分子,并享受电影般的视觉效果。这些动画可以描摹非常复杂的形状并再现一些不可见特性,如带电分子周围的电场。若配备了力反馈设备,你甚至可以真实地感受分子之间所产生的力,并动手改变它们的排列或形状。

通过计算机在虚拟现实里开展化学研究,这一切听上去很像是天马行空的科幻小说,但辅以实验室的真实实验,这些计算得到了实实在在的验证。此外,在观察和操纵分子方面,化学家在实验室里也取得了具体的进展。

那么,到底是如何"看见"这些纳米级别大小,也就是万分之一毫米的物体的呢(图4.2.3)?奥秘在于化学家借来的"慧眼",它们实际上是非常小的探针,可以与被研究的分子相互作用。1981年,人们利用电荷作用力首次看到了原子。宾尼希(Gerd Binnig)和罗雷尔(Heinrich Rohrer)因这一发现获得了1986年诺贝尔物理学奖。量子力学定律告诉我们,当金属尖端极其靠近一个表面时,会产生微小的电流。由于该电流高度依赖距离,因此获得的精度非常高,约为几皮米(千分之一纳米)范围。如果一个分子位于尖端和表面之间,那么其中产生的电流可为我们揭示分子中的能级,以及能级中电子分布的相关信息。这些信息对于人类利用分子构建越来越小的电子电路有至关重要的作用。

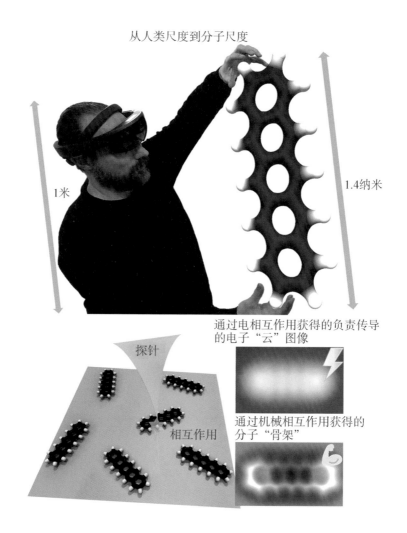

图 4.2.3　上图：人类手举一个并五苯分子；理论化学与虚拟现实技术让人类
与分子的感官互动得以实现；下图：借助局部探针进行实验的示意图，根据测
量的是电相互作用还是机械相互作用可获得不同成像

　　另外，探针还可以检测材料的机械性能，它就像一个小指一般，可或多或
少地按压分子。这有点类似于有力学反馈功能的游戏手柄，只是尺度很小。
根据不同的研究方向，即想了解的是电学性能还是机械性能，同一分子在相
同条件下得到的图像是不同的。2009 年，IBM 苏黎世研究中心的格罗斯（Leo

Gross）团队将这两种方法相结合，成功将一个并五苯分子可视化。该分子由 5 个环组成（图 4.2.3）。在其中一个图像（带有闪电图标）上观察到的"云"，与负责导电的电子有关。观察到的另一个图像（带有手臂图标）则与分子的"骨架"，也就是那些赋予分子刚性的化学键中的电子相关。

从该技术诞生以来，科学家已研发出种类繁多的探针，以便能在单个分子的尺度上研究物质的各种特性（光学特性、磁性等）。其中最让人惊艳的技术之一，便是通过所谓的振动光谱来测定和记录分子是如何振动的。分子就如同一架钢琴，敲击钢琴的每一个键都可发出不同的声音，分子也由"键"组成，且每个键都有自己的共振。生活中，我们可以在钢琴上方架上一个麦克风，来捕捉和识别每一个音符，小探针则可探测出分子中存在的化学键，并一块块地拼凑出一个完整的分子。我们甚至可以识别混合物中的不同分子，就像通过音色识别一支分子管弦乐队里不同的乐器一般！

更重要的是，一旦完全掌握这些相互作用，我们就可以利用它们来操纵甚至改造分子。如今已有多个实例描述了研究人员如何将分子排列整齐，或是在探针的作用下使分子相互反应，抑或令其发出一定的荧光，甚至像扯毛线球一般将分子展开。

参考文献

1. Gross L., Mohn F., Moll N., Liljeroth P., Meyer G., «The chemical structure of a molecule resolved by atomic force microscopy», *Science*, 2009, 325: 1110–1114.

2. Lee J., Crampton K. T., Tallarida N., Apkarian V. A., «Visualizing vibrational normal modes of a single molecule with atomically confined light», *Nature*, 2019, 568: 78.

（马克·巴登　埃玛纽埃尔·迈索诺特）

格氏反应：
百年之谜

一花园，一浣熊。

——雅克·普雷维尔

1900 年，格利雅（1871—1935）在里昂大学发表了他的博士论文[*]。他在乙醚溶液中用镁处理烷基卤化物（卤代烷）后，观察到金属镁消失了并形成了一种清澈溶液。经格利雅验证，这种溶液与羰基衍生物反应后会水解生成仲醇或叔醇。格氏试剂（R—Mg—X）与格氏反应就此诞生，也从此打开了碳－碳键生成之路。无论是学界还是工业界，都将从中获益。1912 年，诺贝尔化学奖被授予格利雅，以表彰他"在发现格氏试剂中的贡献，该发现在过去的几年里极大地促进了有机化学的发展"。时至今日，格氏反应仍是我们会在化学课上学到的第一个有机金属反应。这个课本里神话般的存在，在实操中却相当"调皮"，让人捉摸不透。

事实上，一直以来人们都没能完全参透格氏反应的机制，究其原因，那便是对格氏试剂的一知半解：所谓的"R—Mg—X"实际上描述的是一组不明物质，由于 R 和 X 在施伦克平衡中交换而快速平衡，施伦克平衡对 R、X 和溶剂性质都非常敏感。目前，人们发现了一种 $RMg(\mu—X)_2MgR$ 的物质可促进交换，其中的 $\mu—X$ 是桥接两个镁原子的卤化物，但其确切作用仍不明确。

即便还没弄清到底是哪些物质具有反应活性，化学家也能理解为什么 R

---

[*] 见本篇参考文献条目 1。——译者

基团可以加到羰基上:因为 R—Mg 键是极性的,表示为 $R^{\delta-}$—$Mg^{\delta+}$,R 基团富含电子,既是碱性物质又是亲核物质。羰基 R_1R_2(C=O)中的碳原子带有部分正电荷,是亲电性的。R 基团在 R_1R_2(C=O)上表现出类似于负碳离子的性质,形成碳 - 碳键,而镁以镁离子的形式,在水解生成 R_1R_2RCOH 的过程中稳定了氧上的负电荷。然而,根据 R_1 和 R_2 的不同性质,观察到了 R_1R_2(C=O)·自由基的二聚化产物,这表明其他反应的存在。

化学家深知理解反应机制是改进反应的关键。然而,实验并不总能清晰地勾勒出反应机理,其过程往往非常之艰难。理论化学则可额外提供有价值的帮助。早年间,格氏反应的研究受到了溶剂表示过于简化的限制。从头算分子动力学(AIMD)的出现则让一切变得有趣起来,因为它能更准确地表示溶剂和溶质,且不对它们的相互作用作任何先验的假设。

1 施伦克平衡

首先需要确定溶液中形成的物种的性质,这些物种是通过施伦克平衡形成的。因此,科学家利用 AIMD 对代表性系统中甲基氯化镁(CH_3MgCl)在四氢呋喃(THF)中的施伦克平衡进行了研究。这项研究确定了所有具有一个或两个镁原子的反应物种。这样,我们可以获得每个物种的溶剂化详细描述以及它们之间的相对丰度。每个镁平均与两个 R 或 X 基团结合,至少被两个 THF 分子溶剂化。带较多正电荷的镁更有利于溶剂化。因此,氯化镁($MgCl_2$)可被 3 个 THF 分子包围,甲基氯化镁和 $Mg(CH_3)_2$ 则只有两个。具有两个镁原子的物种的溶剂化差异都可依此原理进行理解。通过计算可以确定连接这些不同物种的反应路径,以及从一种物种转变为另一种物种所需的能量成本。这些反应路径类似于山间小径:稳定物种位于山谷中,而过渡态位于山峰。AIMD 研究表明,多个具有一个或两个镁原子的稳定物种在能量上非常接近,浓度也相近,而且这些物种之间的转变所需的能量很少。在室温下,我们所写

的甲基氯化镁实际上是一组快速平衡的多种分子物种，而在促进 $CH_3Mg(\mu-$
$Cl)_2MgCH_3$ 向 $Mg(CH_3)_2$ 和氯化镁的转变过程中起到重要作用的，其实是溶剂。
对氯化物或甲基来说，末端和桥位的交换往往还伴随着镁原子周围溶剂化的
变化（图 4.3.1）。这种现象使得带正电的镁原子在 M—CH$_3$ 或 Mg—Cl 键完全
或部分断裂时仍能保持适当的稳定。溶剂动力学对于稳定的有机镁物种之间
的快速交换至关重要。

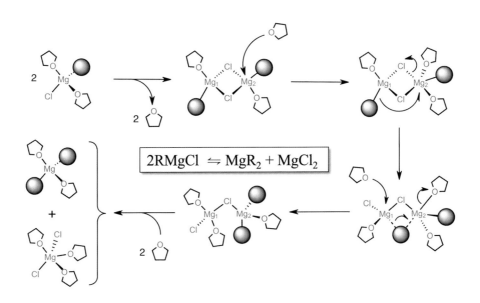

图 4.3.1　"镁"妙的施伦克平衡（图中灰色小球代表 R 基团）

2 格氏反应

　　在没有路易斯酸（亲电子试剂）的辅助下，羰基衍生物对亲核试剂的反应
活性较低。因此，在格氏反应中，将 R 基团加到羰基衍生物上首先需要将羰基
衍生物与镁配位（图 4.3.1）。用一个羰基替换一个溶剂分子，可以从施伦克平
衡中的稳定物种推断出溶液中存在的物种。在这些模型中，亲核试剂和羰基

可以连接到同一个镁原子（偕位反应）或不同的镁原子（邻位反应）。通过使用 AIMD 计算对乙醛（$R_1 = CH_3$，$R_2 = H$，$R = CH_3$）进行模拟研究，发现多个物种具有相似的反应性。最具反应性的是一种双核配位化合物，其中有机镁化合物的甲基基团和乙醛处于邻位（图 4.3.2）。

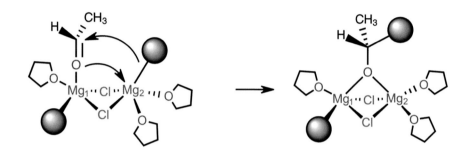

图 4.3.2　在反应性最强的物种中，乙醛与 Mg_1 弱键合，在向 Mg_2 靠近的过程中亲电性越来越高，形成产物

　　与镁弱键合的乙醛会接近亲核试剂。在过渡态中，桥接两个镁原子的乙醛成为一个强亲电试剂，导致甲基的加成反应具有较低的能垒。溶剂在促进双核配位化合物达到过渡态方面起着至关重要的作用。此外，引入一个新的溶剂分子到镁的配位球中并不会增加反应的熵。同样较少溶剂化的双核配位化合物，与最丰富的物种对应，实际上过于刚性，因此反应性不强。在溶剂的辅助下，也可能发生偕位反应，只是能垒略高。

　　通过配位羰基衍生物可以促进 R—Mg 键的均裂。在没有羰基配位的情况下，CH_3—Mg 键的断裂能量消耗较高，因为单个电子仍位于镁上。在有羰基存在的情况下，单个电子位于羰基上，并稳定了均裂产物，特别是当羰基（如芴酮）具有较低的还原电位的情况（图 4.3.3）。

　　格氏反应并不遵循单一的反应途径：它涉及许多同时进行且效率相近的反应过程，要是一一列出，就成了一份真正的普雷维尔式大盘点。因此，用足足一个世纪的时间才解开其反应机理之谜也就不足为奇了！同时，这些研究方法还能够为其他已经得到详细理论阐述的反应带去不少新的启示。

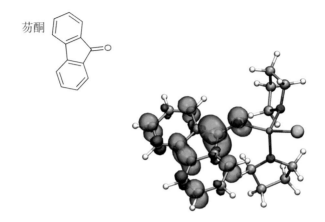

芴酮

图 4.3.3　芴酮促进了 R—Mg 键的均裂，因为镁原子中的电子转移到了配体（蓝色部分）上，稳定了均裂产物

参考文献

1. Grignard V., «Sur quelques nouvelles combinaisons organométalliques du magnésium et leur application à des synthèses d'alcools et d'hydrocarbures», Compt. Rend. Hebd. *Séances Acad. Sci.*, 1900, 130: 1322−1324.

2. Seyferth D., «The Grignard reagents», *Organometallics*, 2009, 28: 1598−1605.

3. Peltzer R. M., Eisenstein O., Nova A., Cascella M., «How solvent dynamics controls the Schlenk equilibrium of Grignard reagents: a computational study of CH$_3$MgCl in tetrahydrofuran», *J. Phys. Chem.* B, 2017, 121: 4226−4237.

4. Peltzer R. M., Gauss J.; Eisenstein O., Cascella M., «The Grignard reaction. Unravelling a chemical puzzle», *J. Amer. Chem. Soc.*, 2020, 142: 2984−2994.

（奥迪尔·艾森斯坦　米歇尔·卡谢拉）

万物理论：物质由此诞生

如果没有引力，物理将会是什么样子？

——阿尔伯特·爱因斯坦（Albert Einstein）

在地球上，蜡烛冷却后，蜡油会呈现出光滑均匀的表面，那在宇宙任何一个角落都是如此吗？这个问题似乎让人感到不可思议，在人们的普遍认知中，物质的性质理论上是固定统一的，放之四海而皆准。但实际上，我们所熟知的，不过是物质受地球重力影响而显现出的性质，它仅是一个特例，完全无法用来预判在宇宙其他角落、在不同的重力条件下，混合物凝固后会呈现什么状态。在微重力的情况下，万千物质又会有什么样的结构和大小呢？

冶金学家对物质从液态到固态变化过程中的行为有着浓厚兴趣，因为材料的内部结构深刻影响着它的机械性质、化学性质，磁力和老化特征等。这些都是我们希望能尽在掌握的特性。

在地球上，当液态混合物由多个组分构成且受温度梯度影响时，熔融物质会因密度差异而在重力作用下发生对流运动。这种对流会改变微观结构形成的动力学机制。组分数量越多，层次混合得更多也更复杂。在没有重力的情况下，温度梯度依然会引起密度变化，但不再有对流运动或相对位移现象。物质本身的自组织规律得以充分自由地表达：科学家可以对其进行建模；随后，冶金学家可根据模型操控零件的冷却过程，并进一步优化性能。

如此看来，太空是一个绝佳的试验场地。一直围绕着地球进行"自由落体式"运动的国际空间站（图 4.4.1）具备理想的微重力条件，非常适合开展长期实验。在那里，人们观察到，在物质的凝固过程中，小晶体开始形成并生长。液体中不同物质的扩散与交换，导致晶体形态变得不稳定。于是，各种有趣的

图 4.4.1　国际空间站

结构和形态出现在了固液两相的界面处，让人眼花缭乱。为了研究这些现象，研究人员想出了一些方法来控制凝固的方向和速度。他们会使用一种透明模型材料，这种材料可以在接近环境温度的条件下像金属一般凝固，随后研究人员可用显微镜来观察凝固组织并拍摄凝固组织的生长。

在观察到的组织中，最常见的形状是树枝晶（图 4.4.2），这是一种带有分枝的针状结构，看上去如同一棵杉树。人们对这些树枝晶组织进行动力学研究之后，在微观结构的选择和宏观组织方面有了诸多新发现。

当然，对凝固组织的研究并不止于此。人们还研究了复合结晶，它们含有两种同时生长的晶体，即所谓的共晶。对这种混合物凝固过程的研究揭示了其形态的不稳定性以及该混合物在时空动力学方面的特性，这一切都等待着我们进一步探索。

 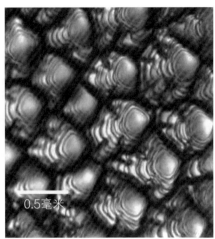

图 4.4.2　凝固过程中形成的树枝晶结构

其他的一些高温金属实验则需利用 X 射线成像进行观测。考虑到实验涉及的巨大能量具有一定的危险性，它们往往在探空火箭中进行。后者在自由落体阶段可提供时长几分钟的持续微重力时间（图 4.4.3）。这些实验的主要目的是进一步了解晶体生长过程中不同几何形状之间的竞争，以及各种分裂和重熔过程。随后，研究人员将这些来之不易的实验结果与模拟数据进行对比，以验证先前的假设。

至于在地球上进行的研究，则主要涉及切割和抛光冷却后的材料，以观察其中凝固微观结构。这些凝固微观结构，实际上就是晶体生长过程在固体中的凝固痕迹。观察结果可帮助冶金学家进一步控制微观结构的形成，开发优化工艺的模型。

能从微重力环境中受益的并不只有材料研究。构成生命和物质本身的物理化学机制及规律，常常会被地球引力的影响掩盖。如果我们想更好地揭示、阐明这些自组织现象，了解它们背后的基本和普遍法则，就必须尽可能摆脱引力。

因此，许多学科都会使用微重力作为实验环境，多种测试手段应运而生，包括零重力飞机、自由落体塔或磁悬浮技术。

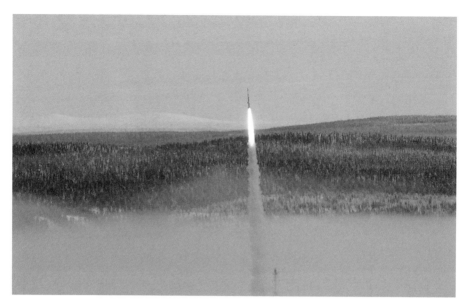

图 4.4.3　2013 年发射的探空火箭

　　例如，由于排水现象的影响，在地球环境里，液体泡沫和固体泡沫的研究开展起来十分困难：复杂流体泡沫会很快地干燥并产生很强的垂直密度梯度。这一点深刻地影响着诸多领域：食品、化妆品、采矿、合成泡沫、金属泡沫或者混凝土泡沫，等等。泡沫可以让相同数量的材料在体积上增加数千倍，同时赋予材料无与伦比的机械特性和热性能。为此，我们必须能根据泡沫初始成分预测它们的行为。目前，国际空间站正在研究它们的成熟过程，进一步了解肺泡的大小是如何在毛细管力的作用下达到平衡的，表面活性剂如何影响液膜的厚度，细胞如何组织和改变形状以吸收应力，以及复杂间质液的输入又会造成什么影响。

　　微重力条件还有利于科学家研究固体和流体的燃烧现象。在地球上，相关的化学反应研究起来较为复杂棘手，而在微重力条件下，火焰是稳定的（图 4.4.4），可燃雾也不会因重力而呈雨滴状下落。

微重力状态　　　　　　　地球上

图 4.4.4　微重力下的火焰（左）和重力下的火焰（右）

图 4.4.5　佩斯凯（Thomas Pesquet）身处国际空间站的微重力环境中

事实上，在微重力环境（图 4.4.5）里，蒸发和凝结都不受对流的影响，内聚力变得更加明显。液体在且仅在分子扩散力影响下混合，并受到毛细管力作用力而扩散。活细胞可以自由地生存、移动和相互作用，不再需要承受浮力的影响。若要更深刻地理解地球的特殊性，我们需要研究更多的普遍现象。

（克里斯托夫·德拉罗什）[*]

---

[*] 作者特别鸣谢法国纳米科学研究所的赤松（Silvère Akamatsu）对本篇固化部分的审阅与修改。

默克尔：从物理学家与
量子化学家到德国总理 *

不懂物理的化学家寸步难行。

——本生

　　由于大学专业的缘故，默克尔（图 4.5.1）常被认为是一位物理学家，此话不假。不过，默克尔在毕业后便转向了物理化学、理论化学和量子化学交叉领域的研究。这是她博士论文的研究主题，完成论文也是一位科研人员学术生涯的惯常起点。我是在 1986—1987 年间认识默克尔的，那时她已是一位不折不扣的量子化学家了，主攻量子化学动力学，这与我个人的研究领域很近。当时，还没有任何迹象能让人预见，至少我没能料到，默克尔会在不久的将来成为一位如此优秀的政治家，尽管我自己常对学生说："一位优秀的理科生在生活中几乎样样优秀，并不仅限在学术上。"

　　2014 年，在苏黎世联邦理工学院举办的一场讲座上，面对在座的众多学生、家长、同僚以及来自各行各业的听众朋友们，我也谈到了理科生的职业前景问题。我告诉大家，我所认识的理科生在世界各地从事着各种各样的职业。除了最常见的研究员、大学教授、高中教师之外，还有众多投身产业的化学家、科学仪器销售员、创业者，其中也不乏公共机构管理者、政府顾问、新闻记者、作家、经理人，甚至还有国家领导人。不少有名的国家领导人都曾是一名化学家。例如，以色列总理魏茨曼就被人称作"工业发酵之父"；又如

---

　　* 本文作者由衷感谢本书编纂委员会将本文悉心翻译为法语，感谢德尔菲娜·夸克（Delphine Quack）对法语定稿所提供的无私帮助，感谢德国国家科学院的图片授权。

图 4.5.1　2015 年，德国总理默克尔在德国国家科学院发表演讲

撒切尔夫人，在牛津大学读研期间，就曾师从诺贝尔奖得主霍奇金（Dorothy Hodgkin）和施密特（Gerhard Schmidt），巧的是，施密特后来成为魏茨曼学院的院长。当然，我本人既不熟悉魏茨曼也未曾结识撒切尔夫人，当时我脑海里涌现的名字是默克尔。虽然在那场讲座上我并没有直接报出她的名字，但不

可否认，默克尔有着无比杰出的职业生涯，作为德国总理和优秀的国际政治领袖，她曾多次被记者评为世界上最有权力的女性。

1 学术生涯

如今，当人们谈及默克尔的灿烂履历时，似乎很少再提起她早年的学术生涯。默克尔1954年出生于德国汉堡，这座城市当时隶属于德意志联邦共和国。不久之后，她随着自己的牧师父亲迁居到了东德（德意志民主共和国），特殊时代的紧张政治局势并未完全阻碍东西德之间的人员流动，且东德教会当时急需人手。

默克尔以优异的成绩从高中毕业后，进入莱比锡大学深造，并于1978年获得物理学学位。同时她也开始了化学动力学理论的研究，这可以从她早期发表的论文里窥见一斑。在随后的1978—1990年间，默克尔都在东柏林科学院下属的物理化学中央研究所从事量子化学这一跨学科领域的研究，这个选择也体现了其敏锐的科学嗅觉，因为这一时期恰巧也是所谓"第三量子化学时代"的开端，也就是说，被戏称为"从头计算法"（ab initio）的量子化学计算方法*真的开始能为现实中的分子系统提供数量上正确的结果。尽管当时计算涉及的分子系统还较为简单，却已经与大气化学、燃料、环境科学等领域的实际问题紧密相连。在攻读博士阶段，默克尔选择了祖利克（Lutz Zülicke）作为自己的论文导师，后者是德意志民主共和国科学院一位备受尊崇的量子化学家，生活在东柏林的阿德斯霍夫区。默克尔的主要研究方向涉及单分子的反应机制，以及通过量子化学和统计学方法计算它们的速率常数。她在1986年获得了博士学位。

---

* 也被称为"基于第一性原理的量子计算方法"，用于计算分子和分子系统的性质，且不依赖任何经验性参数。这种方法是从基本的量子力学原理出发进行计算的，因此被称为"ab initio"，意为"从头开始"或"从第一原理出发"。——译者

也正是在这一时期，我开始注意到默克尔的研究成果。1986 年，一篇基于其博士论文衍生而来的核心文章被投至《分子物理学》杂志（*Molecular Physics*），当时我恰巧是该杂志的审稿人并经手了这篇论文。默克尔之前已就该研究领域发表了数篇论文，但大多都发表在东德的《物理化学杂志》（*Zeitschrift für Physikalische Chemie*）上。这篇文章的联合署名和投稿人是"L. 祖利克"，也是我在东德科学界的老熟人，他被特别允许自由来往东西德。我本人非常了解他的风格，所以我能一眼认出这篇文章的主要贡献者是第一作者默克尔，并断言她将是——或者说已经是——一名杰出的青年科学家了。

这篇论文的内容我至今记忆犹新。因为它与我自己在洛桑理工学院同特罗埃（Jürgen Troe）合作完成的博士论文密切相关。1975 年以前，我都在从事与"绝热通道统计模型"（SACM）相关的课题，该模型用于研究简单单分子裂解反应和形成复合物的双分子反应。我故意选择了"模型"（model）这个术语，而不是"理论"（theory），是因为其中一些相关反应的计算，如实验中得到的参数只能通过半经验性理论来实现。这些计算，尽管涵盖了所有可量化的反应路径，已达到当时计算机算力的极限。默克尔的到来，则为这一研究提供了新的思路。她认为，通过适当的量子化学计算，可将这个简单模型转化为"从头算量子化学理论"。她的博士论文出色地验证了这一想法的可能性，继而为这个领域做出了非常突出的贡献。很快，她决定将自己的理论应用于分子系统，这进一步地展现了其优秀的科学直觉：其中的一项核心应用便是针对甲烷解离成甲基自由基和氢原子这一反应展开的，这在当时极具开创性，尤其甲基自由基在化学和化学动力学中具有重要的地位。值得一提的是，赫茨贝格（Gerhard Herzberg）在 1956 年发现并分析了甲基自由基的光谱，这正是他1971 年赢得诺贝尔化学奖的主要原因之一。

我的档案中至今还保留有当年审校论文时的意见报告。这篇稿子质量很好，得到了正面评价。1986 年 11 月该论文的修订稿审核通过，于次年正式发表。同年，我也有幸在库伦斯伯恩举办的一次学术会议上聆听了年轻的默克尔的发言。库伦斯伯恩位于波罗的海的海滨，是东德的一处度假胜地，不少西方学者受邀参加了那次会议。会上，默克尔向我们展示了有机化学 – 物理领域的一个经典反应——"双分子亲核取代反应"，它也被称为"S$_N$2"反应，这项出色的研究是默克尔与布拉格科学院著名量子化学家佐赫劳德尼克（Rudolf Zahradnik）合作完成的，并且已经在国际科学杂志上发表。

关于 1987 年的这场大会，我还有另外一个记忆：当时，人们印象中与东德科学家的交流往往都十分"僵化"，想就科学之外的话题进行自由讨论是基本不可能的。可能是出于对东德国家安全机构"史塔西"（Stasi）的忌惮，我们的东德同僚们也习惯性地保持沉默。这份"谨慎"甚至蔓延到了学术发言中。然而那次大会上，有两位年轻的科学家似乎打破了这个戒律。那便是默克尔和绍尔（Joachim Sauer）。两人用清晰明了且让人耳目一新的方式完成了一场国际高水准的学术演讲，引发了热烈的讨论。私下交流中，我也注意到了两人直率真诚的态度，他们敢于直接公开批评东德的政治体制（至少在"监察员"不在场的情况下）。

会后，在回程的火车上，我望着东西德那耻辱的边界线，那里仍充斥着警戒、士兵和密不透风的监视，但我脑海里浮现的是那两位年轻的科学家，在他们身上我看见了东德迈向美好未来的希望。

2 时代变迁

我一直坚信，东德的政权体系迟早有垮台的一天，但没想到这一天会来得这么快。1989 年 9 月，当我出访布拉格，参加在贝奇涅城堡举办的一场会议时，已经注意到社会主义阵营内部出现的明显裂痕。两个月后，柏林墙便轰然倒塌了。彼时，35 岁的年轻科学家默克尔手握 12 篇已发表的优秀论文，她本可以自由地旅行并与世界各地的科学家进行学术交流，就像她未来的丈夫绍尔一样。时至今日，绍尔已是柏林洪堡大学的教授，同时也是一位享誉国际的量子化学家。

　　然而，默克尔在 1989 年末淡出了科学界转而投身政坛：她加入了东德的 Demokratischer Aufbruch（德语，意为"民主复兴"），并于 1990 年 2 月成为该政治组织发言人。随后，在 1990 年 3—10 月期间，默克尔一直担任着德迈齐尔埃（Lothar de Maizière）政府的副发言人一职，直至德国统一。她于同年 12 月成为德国联邦议会的成员，1991—1994 年担任联邦妇女和青年部部长，1994—1998 年出任联邦环境、自然保护和核安全部部长，1998—2000 年担任基督教民主联盟的秘书长，2000 年成为联盟主席，并最终在 2005 年当选为德国联邦总理直至卸任。当然，默克尔了不起的政治生涯早已见诸各类报道与传记之中，而这里，我只想着重勾勒她与科学界的联系。自其从政后，我和默克尔私下里进行过多次交谈，并且常被她处理问题时展现出的科学理性而打动。其中记忆尤为深刻的，是我出访柏林科学院时与她的一次长谈。当时她还是环境部部长，我试图说服她通过提高二氧化碳排放税、增加碳排放成本来应对气候变化的挑战。默克尔表示十分赞同，但同时她也提到了戈尔（Al Gore）：后者告诉她，在美国，每加仑汽油哪怕只增收 10 美分的燃油税，都有可能导致大选失败（他也的确在 2000 年输掉了选举）⋯⋯ 可见，默克尔深刻理解了在民主国家中，"现实主义政策"（Realpolitik）首先需要得到人民的首肯。默克尔在 1997 年出版了一本书[*]，书中阐述了她对可持续发展的看法。默克尔本人是《京都议定书》和《巴黎协定》的坚定拥护者。在 2007 年举行的 G8 峰会上，她积极呼吁各国采取措施保护气候，而这次峰会正是在她的政治故乡海利根达姆举行的。

3 结语

　　与其他众多领导人不同，默克尔真正理解科学家并愿意聆听科学家的意

---

[*] 见本篇参考文献条目 4。——译者

见。她与很多科研机构，尤其是德国国家科学院保持着密切联系。值得一提的，还有她 2019 年在哈佛大学的演讲，以及她在预测未来危机（如 2020 年的新冠病毒）方面所具有的政治远见和科学洞察力。在一份文件中，默克尔谈到了包括政治的对称性与非对称性在内的种种更加广泛的政治议题。早在新冠病毒暴发的 5 年前，她就特别提出：

> 全球化的发展必须也要考虑如何解决疾病或者说大规模传染病的问题。作为一个全球共同体，我们却对此毫无防备。全球必须继续致力于解决这个问题……为此，我们需要一个快速响应的全球系统，以应对流行病等全球性挑战。

无疑，默克尔的科学素养让她得以成功预判这次危机，并用理性的手段应对。她的先见之明帮助德国政府从一开始就有效地控制了疫情。毕竟，流行病的动力学行为与化学反应的动力学行为极为相似。当然，想要获得国家权力的支持来实施自己的方针政策不是仅靠一点科学背景就能实现的，还需要更多的东西，那就是一个人的政治才能。我个人始终坚信，政治才能辅以科学素养，可以极大地推动全球政治面貌。我衷心希望世界能涌现出更多像默克尔一样，既有政治天赋又有科学素养的优秀领导人。

参考文献

1. Merkel A., *Untersuchung des Mechanismus von Zerfallsreaktionen mit einfachem Bindungsbruch und Berechnung ihrer Geschwindigkeitskonstanten auf der Grundlage quantenchemischer und statistischer Methoden*, Thèse de doctorat résultant des recherches à l'Académie des sciences de RDA, Berlin, 1986.
2. Merkel A. et Zülicke L., «Nonempirical parameter estimate for the statistical adiabatic theory of unimolecular fragmentation», *Mol. Phys.*, 1987, 60: 1379–1393.

3. Merkel A., Havlas Z., Zahradnik R., «Evaluation of the rate constants for the S_N2 reaction $CH_3F + H^- \rightarrow CH_4 + F^-$ in the gas phase», *J. Am. Chem. Soc.*, 1988, 110: 8355–8359.

4. Merkel A., *Der Preis des Ueberlebens*, Deutsche Verlagsanstalt, Stuttgart 1997.

5. Merkel A., «Commencement speech», Harvard University, 2019.

6. Merkel A., «Rede der Bundeskanzlerin bei der Leopoldina», in *Symmetrie und Asymmetrie in Wissenschaft und Kunst*, M. Quack and J. Hacker eds., Nova Acta Leopoldina, 2015, 412: 21–28 (2016), Wissenschaftliche Verlagsgesellschaft Stuttgart.

（马丁·夸克）

形状记忆合金

形式，是本质浮出水面。

——雨果

功能材料是一种经过特别设计和合成的材料，可以根据环境物理量（温度、应力、磁场）的变化而调整自身某种性质的激活。当周围物理变化达到设定值时，材料会自动触发特定反应。此时，如果材料还能通过产生一种力来执行某一行为，那么它就不再是一个简单的传感器，而是一个真正的执行器，能够在无须任何额外干预的情况下，自主响应周围环境的变化。正是这种行动的"自主性"让它们被冠以"智能材料"的称号。

形状记忆合金（SMA）就是这样一种具有显著功能特性的材料，它拥有独特的热机械行为：超弹性、单形状或双形状记忆，以及减震缓冲能力（高阻尼性）。人类于1939年首次观察到所谓的形状记忆性状，即材料能在达到设定值时恢复到初始形状。该温度值由应用规范规定，可以通过选择合金的化学成分或热处理微观结构来进行调控。

这些特性实际上是马氏体相变的产物。马氏体相变指的是高温相奥氏体和低温相马氏体之间的可逆性结构相变。这一相变是可逆的，且属于一阶相变，因为这两种相可在相变过程中共存，通过聚力化和生长的方式发生转变。在冷却或加热时，马氏体与奥氏体会随着温度的变化竞争生长，此消彼长（降温时，马氏体的占比上升；升温时，奥氏体则会占上风）。另外，这种相变是位移型相变，通过原子在短距离上的协同运动触发：其特点是晶格的均匀变形，主要是以切变的方式发生。不同于通过原子扩散获得的结构转变，这种转变可以在低温下发生。冷却时（图4.6.1），马氏体在 M_s 温度值出现，并在 M_f 温

190

度值时完成转化。加热时，马氏体会在温度值 A_s 时向奥氏体回归，并在达到温度值 A_f 时结束。

奥氏体向马氏体的切变导致形状发生改变，加之两相的共存，会导致未转变的奥氏体变形。因此，转变的动力学（即转变速率）和微观组织（最终的晶体结构）都由这种形变能主宰。当形变停留在材料的弹性范围内时，被称作热弹性转变（钢的马氏体相变除外），该转变主要是通过形成自适应马氏体片群实现的。从奥氏体到马氏体的转变中，晶体对称性的降低导致严格等效（严格相同）的马氏体变体形成，且变体数量有限；每个变体与相同的变形相关联（每个变体都具有相同的变形），但方向不同。因此，在冷却时，这些变体聚集在一起，与每个变体相关的变形得以在总体上相互补偿：也就是说，它们是自适应的。从宏观尺度上来看，与相变相关的变形几乎为零。奥氏体状态下的高温试样与马氏体状态下的低温试样，在形状上几乎保持不变。

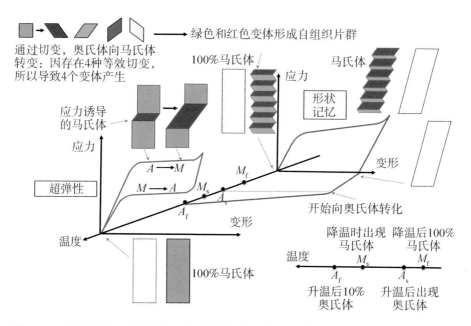

图 4.6.1 马氏体转变二维示意图，图中展现了马氏体转变过程及该转变赋予形状记忆合金的机械行为；此处，切变行为被夸大以突出宏观形状的变化

在低温下对马氏体施加应力时，马氏体变体界面间的滑动会助长变体的发展，其相关变形方向与应力方向一致，同时抑制其他变体。一旦自适应被打破，我们就可以观察到宏观上的变形了。只要温度升高，材料就会开始向奥氏体回归并恢复最初的形状。这就是简单的单程形状记忆效应，也是合金与生俱来的特性之一。不过，再次冷却时，材料却不会再度从高温状态（奥氏体）向马氏体转化。要想做到这一点，合金必须经过一系列的温度和应力循环，在这一过程中加深材料对高温和低温形式的记忆，从而在升温和冷却的过程中自发在两者之间转换。因此，这种双程形状记忆是合金"后天习得"的成果。

这种主要由切变主导的形变也可通过对奥氏体状态的材料施加应力来诱导。只是此时，马氏体变体间的等效性会被打破：自身变形适应应力方向的变体会优先发展，宏观尺度上也随之发生变形。当应力被释放时，处于该温度范围内的不稳定马氏体会向奥氏体转变并恢复初始状态。这就是所谓的超弹性：传统合金大约有 1% 的可逆变形范围；形状记忆合金的超弹性则可以达到约 10%。

形状记忆合金（转换温度低于 100℃，多以镍钛为基础并辅以第三种元素以便调节转换温度，如 CuAlNi 或 CuAlZn 等，图 4.6.2）在医疗器械上有着极为广泛的应用。以正畸牙线为例，在口腔温度下，形状记忆合金矫正钢丝处于奥氏体状态，且形状理想。它可固定在粘贴于牙齿表面的正畸零件上，在施加压力时会产生局部变形，部分地转化为马氏体；在恢复为奥氏体时，也就是在口腔温度下可保持的一种稳定状态，会有一股微弱的力持续作用在牙齿上，使牙齿适当地移动。支架、凝块过滤器、缝线和手术器械等也会用到形状记忆合金。当然，它还有众多医疗领域之外的应用场景，如眼镜架、天线、高尔夫球杆、抗震装置（通过扩散地震波产生的能量来阻尼），等等。我们甚至还发现了具有磁性的形状记忆合金（NiMnGa）。

图 4.6.2　形状记忆合金 CuZnAl 在偏振光显微镜下的图像

　　转换温度在 100—200℃区间时，形状记忆合金可广泛应用于电气工程和汽车工业，目前市场需求缺口巨大。一旦能在 300—1000℃的范围进行转化，形状记忆合金甚至可在飞机制造领域大显身手。只可惜这类合金（TiNiHf、CuAlNi、RuNb、RuTa）真的存在且满足温度要求，但它们往往都十分脆弱，难以加工成理想的形状。

（理查尔·A. 波尔捷　弗雷德里克·普里马　菲利普·韦尔默）

纳米多孔材料的孔洞效用

平淡的品质远不如有趣的缺点让人愉悦。

——尼农·德朗克洛（Ninon de Lenclos）

多孔材料由一种固体骨架组成，正是这些骨架造就了被称为孔隙的空腔。在我们关注的开孔材料中，孔隙连接成片，形成一个可从固体外进入的孔隙网络。具体到纳米多孔材料，孔隙的尺寸缩小到了纳米级（1 纳米 = 十亿分之一米），与常见小分子如水、二氧化碳、氧气、乙烯等的大小相当（图4.7.1a）。天然纳米多孔固体则可由不同的材料组成：有以碳为基础的，如自古希腊时期以来就被人们应用于医药和水净化的活性炭，抑或是以二氧化硅为主要原料的，如硅胶制成的袋装干燥剂……在这纳米多孔材料的"泱泱国度"，有一个亚种以其独特的分子筛选特性脱颖而出：沸石（图 4.7.1b）。顾名思义，沸石就是"沸腾的石头"，这个有趣的名字源自它的希腊语词源，也就是 zein（沸腾）与 lithos（石头）两个词的结合。这些结晶固体实际上是铝硅酸盐，也就是黏土和水泥的表亲。当它们被加热到 100℃以上时，会释放出大量水蒸气。在高温高压的火山地区存在许多种天然沸石，它们大多形成于漫长的地质时间内。目前，实验室也可以少量合成数百种沸石。一些沸石已实现工业化生产，年产量达数百吨。合成沸石在我们的日常生活中随处可见：水体软化、空气除湿剂、气体分离、石油精炼以及猫砂原料，等等。

沸石晶体中的原子排列是沸石家族的"招牌"，其结构十分特殊。从微观到宏观尺度，沸石晶体的原子排列都呈现出完美的秩序（图 4.7.1b）。因此，沸石的合成原理有些类似于儿童积木游戏（图 4.7.2）。从微观视角看，这些沸石

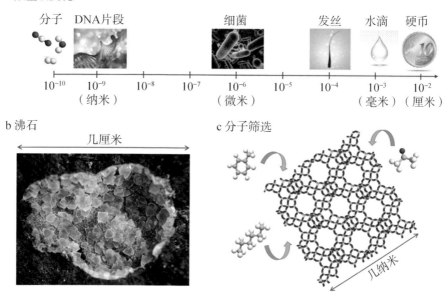

a 数量级变化

分子　DNA片段　　　细菌　　　发丝　水滴　硬币

10^{-10}　10^{-9}　10^{-8}　10^{-7}　10^{-6}　10^{-5}　10^{-4}　10^{-3}　10^{-2}
　　　（纳米）　　　　　　（微米）　　　　　　（毫米）（厘米）

b 沸石　　　几厘米　　　　c 分子筛选　　　几纳米

图 4.7.1　a. 从左到右，尺寸逐渐增大，从分子尺寸（小于纳米）到宏观物体尺寸（大于毫米），每个尺度范围内选取了一个代表物；b. 八面沸石晶体；c. 八面沸石的结构，该沸石由排列成具有固定尺寸空腔的四面体组成，小于此特定尺寸的分子可以进入，而尺寸较大的分子则被排斥在外部，即所谓的分子筛选效应

由一系列硅酸根离子四面体和 AlO_4^{5-} 四面体组成，中间由氧离子连接。这些四面体可以组合成正方形、六边形和八边形等形式的基本砖块。在更大的尺度上，这些砖块会形成棱柱和截顶十二面体的形态。八面沸石由截顶八面体（也被叫作方钠石笼）和将其相连的棱柱构成。这种特殊排列组合形成的建筑砖，通过重复堆叠形成了非常坚实的晶体，晶体内部含有相互连接的空腔（图 4.7.1c）。该结构的自组装可在水溶液中进行，后者需要在高压下加热到高温状态（水热合成）。在适当的浓度和酸碱度下，这些晶体可以自发形成，少则几分钟多则几小时，无须其他任何的人为干预。沸石家族的成员拥有各式各样的结构，微观上对应着不同的结晶几何形状，迄今为止，已记录在案的结构有

247 种，且还在以每年 3—5 个的速度增加。

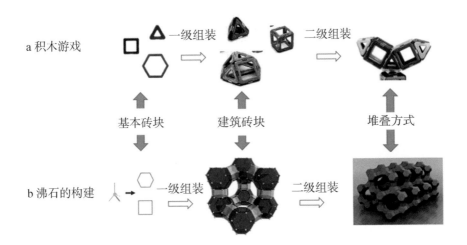

图 4.7.2　a. 复杂结构的模块化建筑构造，从基本形状（三角形、正方形等）出发，组装搭建成可无限重复的建筑砖块结构；b. 以硅酸根离子四面体和 AlO_4^{5-} 四面体为基础合成八面沸石，这些四面体组装成正方形和六边形，后者根据它们的边缘排列形成棱柱（浅灰色）和截顶八面体（深灰色），从而形成一个被称为孔隙（蓝色轮廓）的空腔；较大的孔隙直径为 1.2 纳米

　　与沸石相反，被称为金属有机骨架（MOF）的多孔配位聚合物并不以自然状态存在。尽管该材料问世仅有短短数十年（20 世纪 90 年代末发现），但科学家已成功合成了成千上万种 MOF。与基本结构模块仅由四面体组成的沸石不同，MOF 由形状各异的无机砖块构成，砖与砖之间由有机间隔物连接。由于存在五花八门的砖块和间隔物，它们之间的排列组合衍生出了无限多样的结构。这些基本砖块是带正电荷的离子复合物，如二价铜离子（Cu^{2+}），三价铁离子（Fe^{3+}）和四价锆离子（Zr^{4+}），而间隔物是带有至少两个羧酸基（$-COO^-$）的分子（截顶二十面体）。砖块的正电荷和间隔物的负电荷起着类似磁铁的作用，能让它们在砖的顶点之间通过化学键结合而进行自组装（图 4.7.3）。在 MOF 材料中，间隔物越长，材料的孔隙就越大。此外，使用带有化学功能的间

隔物还赋予这些结构特殊的反应性质。例如，通过加入氨基对孔隙内部进行修饰，能制备出可在可见光谱范围内起作用的光催化剂。尽管尚未规模化生产，但某些 MOF 材料已经可以通过一些常见的工业方法如挤压法（常用于食用面团制造）或雾化法（奶粉制造）制备，达到数百千克甚至数吨的产能。

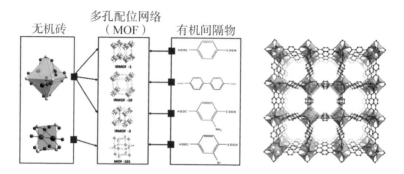

图 4.7.3　无机砖块自组装构建的 MOF 材料：锆的四聚体、铜的二聚体（蓝色代表锆或铜原子，红色代表氧原子，白色代表碳原子）；有机间隔分子是苯二甲酸家族的分子，由苯环和两个羧酸基组成；这种类型的间隔分子有许多变体，它们可以通过具有多个苯环结构来延长，或者通过氨基或溴基团进行官能团化；右侧的图表显示了 MOF-5 材料的多孔网络透视图，其孔道直径为 1.3 纳米

纳米多孔材料的孔隙具有两个显著的特性：其表面积相对于材料体积非常大，并且可以容纳大量的分子（图 4.7.4a），这些特性造就了纳米多孔材料的应用优势。每克固体 MOF 材料的表面积为 1 000—2 000 平方米，有些甚至可以达到 3 500 平方米以上，也就是说，每克 MOF 材料的表面积可以覆盖半个足球场！由于纳米多孔固体的尺寸与分子间相互作用的数量级范围相当，一种纳米受限流体（nanoconfined fluid）可呈现出截然不同的特性。当气体受限于孔隙中时，其液化压强会随着孔隙尺寸的减小而降低。这种现象被称为毛细管凝结，如图 4.7.4b 所示：MIL-101 是一种由三价铁离子和对苯二甲酸构建的 MOF 材料，该材料可在相对较低的压强条件（25℃，5 MPa）下，储存体积是自身体积约 400 倍的二氧化碳。在另外一些 MOF 中，在受限分子的影响下，孔

隙可以"呼吸"：分子受限时，孔隙会扩大，且这一过程可逆。以 MIL-53 为例，其孔隙的体积可以增加一倍。

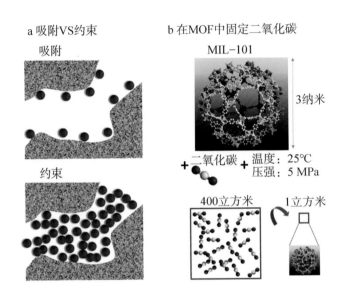

图 4.7.4　a.根据不同应用场景，纳米多孔材料可以通过吸附在其表面或固定在其孔隙中的方式来捕获、固定或分离气体以及液体；b.以一种 MOF 材料的固定功能为例：当 MIL-101 材料与二氧化碳在适度温度和压强下接触时，它可以在 1 立方米的体积中固定相当于常温大气压下 400 立方米的气体量

　　20 世纪初，刚被发现的沸石可谓实验室中的奇物，常被当成装饰用的精美矿石标本。如今，每年工业生产的沸石可达数十万吨，是生活生产必不可少的原料之一，广泛地应用于多种化学转化或纯化过程……金属有机骨架的发现不过 20 余年，它是否也一样会在明日的工业生产领域大放光彩呢？事实上，目前 MOF 材料已有不少商业应用场景了，如在电子电路制造过程中用来储存有毒气体，或者在水果保鲜领域，MOF 材料可用来吸收乙烯。其他一些大规模应用也已经纳入考量。例如，只需利用太阳的热量便能在干旱的沙漠地区制造饮用水；某些 MOF 材料具有亲水性质，它们可在夜间捕获沙漠地区大气中的水蒸气；随后，凝结在纳米孔隙间的水可以在白天通过太阳辐射加热

来释放和收集。这样一来，1 千克的 MOF 材料可以在一天内生产 2.8 升的水。目前，MOF 材料被评为"能彻底颠覆人类日常生活的 10 项化学发现"之一。其前景如此广阔，怎么用、何时能用、去哪里找寻又是如此扑朔迷离，即便是占卜水晶球也无法一一预测，哪怕是一个 MOF 材料的水晶球！

（达维德·法鲁桑　伯努瓦·科阿纳）

劲"爆"登场的纳米材料

混乱亦可造新生。

——米歇尔·塞尔（Michel Serres）

化学无处不在。哪怕短短一瞬，化学也能创造材料：真是"劲爆"极了！

在人们的印象中，爆炸通常意味着摧毁。话是没错，可一旦化学登场，"摧毁"变"催生"，让爆炸一举成为合成材料的新途径。每当炸弹爆炸时，火焰上方常常升腾起滚滚黑烟，这其实是极微小的碳颗粒组成的尘烟。我们完全可以把这些细颗粒物看成是一颗颗"纳米钻石"。可见，在最具破坏性的爆炸中，化学为我们合成了世间最为珍贵的材料。基于这项观察，化学家开始了一些有趣实验，例如通过引爆新颖的高能材料混合物来合成一些新的物质，其中就包含了一类应用十分广泛的材料：陶瓷。

自 20 世纪 60 年代开始，苏联的一些实验室就开创先河，尝试利用爆轰来合成纳米钻石。目前世界上只有少数实验室还在进行这项实践和研究。钻石由碳原子构成，因此，所用的爆炸物含有比引爆所需更多的碳原子数量。爆炸物成分通常是三硝基甲苯，它与硝化甘油和黑火药一起并称为世界三大知名爆炸物。在此基础上，爆炸物中还需添加另一种爆炸威力更强的物质，以达到合成纳米钻石的极端条件。爆轰借助冲击波即一种机械波传递能量，因此相比于爆燃也就是爆炸性燃烧，爆轰的威力更为巨大。在接近 4 000℃的高温和 30 万大气压的极端压强下，三硝基甲苯中没能用于引爆的碳原子将以最致密、最坚硬的三维原子排列方式结晶成为钻石。由于这个化学反应过程持续时间极短（大约一微秒都不到），钻石微粒方才"萌芽"，还没有时间"生长壮大"，因而得到的都是直径在 5—10 纳米之间的纳米钻石颗粒。近几年，研究人员力求获得尽可能小的钻石颗粒。直觉告诉我们，要想做到这一点，最好的方式是引爆尽可能小的三硝基甲苯液滴。这个诱人的想法最终在实验中得到了验证，随之而来的则是新的挑战：尽可能地缩小爆炸物分子直到达到纳米颗粒般的大小。化学，又一次成功地通过失衡反应提供了有效的解决方案。

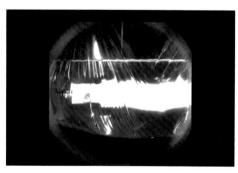

图 4.8.1　左上：用于进行爆炸的密闭室；左下：一次引爆实验，用于合成纳米钻石或纳米陶瓷；右下：纳米结构爆炸物的微喷雾闪蒸制备过程，用于合成超细纳米钻石（纳米金刚石）

　　科学家构思出了一种类似于高压清洗器的反应器，能够将极小的溶液液滴雾化喷出。他们将爆炸性成分溶解在溶液中，置于很高的气体压强之下防止挥发，随后又将其注入真空室中。在极大的压强差之下，液体突然膨胀，形成非常细小的液滴（直径约为微米级别），并迅速蒸发。随着溶剂的蒸发，爆炸性物质结晶化成纳米颗粒，尺寸为数百纳米。这种新颖的微喷雾闪蒸技术（Spray flash evaporation，如图 4.8.1 所示）是一个失衡过程。纳米结晶和亚微米化让我们能够制备出有机纳米颗粒，尤其是爆炸性纳米颗粒。在极端且复杂的压强和温度条件下，这一惊人的化学工程实现了纳米级炸药的连续合成。这些被压缩的纳米颗粒随后被引爆，从而催生出世界上最小的纳米钻石：平均大小约为 2.5 微米（图 4.8.2），晶粒尺寸差异也很小。这些极其微小的纳米颗粒可在医学领域大显身手，例如向癌细胞输送靶向药物，或是支持量子隐形传态技术以及未来量子计算机的开发。

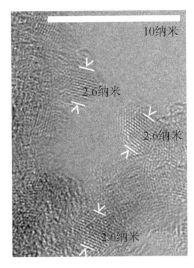
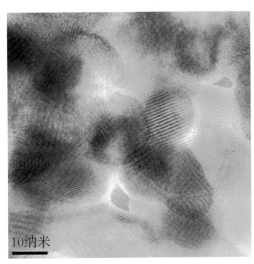

图 4.8.2　高分辨率电子显微镜成像：左图是超细金刚石纳米颗粒，右图是通过爆炸制备的氧化锆陶瓷

　　更令人惊讶的是，这种化学爆轰方法起初仅是为了合成一些碳基物质如钻石，而近年来，这项技术已经拓展到一种高附加值材料——陶瓷的制造中，直接造福了能源、环境、汽车、航天与医疗等领域。科学家尝试将陶瓷前体装填入爆炸反应物中，爆炸时所产生的高压高温条件，使陶瓷前体发生分解，金属原子与氧结合形成氧化物陶瓷（如二氧化钛、二氧化锆、纳米氧化铝、二氧化铈、二氧化铪、五氧化二铌、氧化铟、铝酸镁晶体、铁酸锰……）。基于同样的原理，超快速膨胀的气体产生了极高的冷却速率（约 10^9 K/ 秒），形成了纳米

级尺寸的陶瓷颗粒（小于 100 纳米）。

事实上，利用爆轰合成陶瓷材料这项技术的潜力远不止于此。通过调节爆炸物材料的比例和爆炸发生的环境（空气中、水中或冰中），我们甚至可以调控一些材料的固有属性（例如粒子的平均大小和爆炸产生的粒子数量）。在爆炸物中加入更多爆炸性物质，并使用以水为基质的爆炸介质（液体或冰），有助于产生更小的颗粒。最近的研究表明，如果爆炸物中的氧原子含量恰好符合爆炸过程所需的氧原子的量，就可以制备出非氧化（如碳化物、氮化物和硼化物等）陶瓷材料。碳化硅就是其中一种用途最为广泛的陶瓷材料，可用于制造橡皮（磨料）、刹车片、装甲涂料、加热元件、二极管和望远镜的光学镜片等。这还不是全部！在这种基础爆炸法上进行一定的革新，可以制备出氮化硼的高密度亚稳相，也就是所谓的纤锌矿相（w-BN）。与钻石相比，这种合成物具有更优越的机械性能，有望在很多应用领域取代钻石。

参考文献

1. Spitzer D., Risse B., Schnell F., Pichot V., Klaumünzer M., Schaefer M.R., «Continuous engineering of nano-cocrystals for medical and energetic applications», *Scientific Reports*, 2014, 4: 6575-6581.

2. Pichot V., Risse B., Schnell, F., Mory J., Spitzer, D., «Understanding ultrafine nanodiamond formation using nanostructured explosives», *Scientific Reports*, 2013, 3: 1-6.

（皮埃尔·吉博　樊尚·皮绍　德尼·斯皮策）

5

诊断与疗愈

图 5.0　在扫描电子显微镜下观察到的二氧化硅微珠（放大 800 倍）；图像经过二次处理并人工着色；这些多孔二氧化硅纳米颗粒正被用于医学治疗研究，以实现药物在体内的传输

医学诊断"一口气"

在那里，当死神降临，他们呼出最后的气息。[*]

——奥维德（Ovide）

目前，全球每年有数百万人死于空气污染。事实上，空气质量与人体健康之间的关联早在古罗马时期就引起了人们的注意：公元前 61 年，塞内加（Seneca）就发现，每当他离开罗马污浊不堪的空气环境时，自己的身体状况就会明显改善。此外，古希腊医学之父希波克拉底（Hipocrates）还注意到了病人呼出口气中的气味与其所患疾病之间的关联。也就是说，口气中若有甜甜的气味，那极有可能是糖尿病的征兆，因为丙酮的持续存在会导致这种气味。当然，古人只能简单识别一些特殊的气味。直到拉瓦锡的时代，人们才开始系统地分析呼出气体中的化学物质。1971 年，波林向我们揭示了这种测定背后的烦琐与复杂性，其中涉及 200 多种化合物。

事实上，人呼出的气体是一种非常复杂且可变的化学基质，其中包含了许多挥发性有机化合物（VOC），它们可以作为某些特定疾病的示踪剂。对这些气体进行分析可以帮助医生做出快速的医学判断。但如此简单快速且无侵袭性的方法为何还未被医生广泛地采用呢？

答案很简单，想要分析呼气里的复杂化学成分可不是件容易的事。先不说一般的口气样本中化学基质的庞杂（有几千种），它的浓度变化还非常大，经常在呼出过程中就被稀释或改变。呼出气体的高湿度也会大大影响检测精度。因此，尽管在概念上，靠呼出的空气进行医疗诊断是可行的，但落实到日

---

[*] 原文为拉丁语："Hic illic, ubi mors deprenderat, exhalantes。"

常实践中，还需要研发新的分析手段。

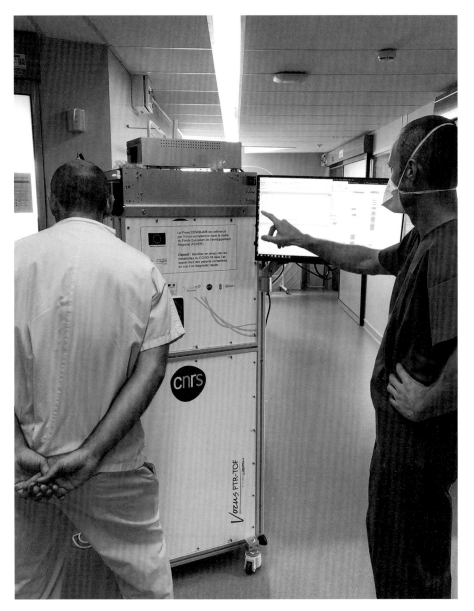

图 5.1.1　科学家在里昂红十字山医院安置了一台飞行时间质谱仪，并接入了基于质子转移反应的软电离技术，以绘制新冠病毒患者的 VOC 示踪图

近 10 年来，随着环境空气分析科学的发展，一批新工具涌现，可用于实时检测分析痕量挥发性有机混合物，且时间分辨率达到秒级。这是一种新一代的质谱仪，它结合了软电离技术，能很好地限制分析物（即目标 VOC）破碎并提高仪器灵敏度。研究人员从此可在湿度条件不断变化的情况下，以定量且可复现的方式，实时分析数千种化合物。

呼气组学（exhalomics）这一致力于研究人体呼出气体的新兴学科也随之进入一个崭新的发展阶段。该技术尤其符合快速诊断的需要。

疫情期间，研究人员在医院现场部署了一台飞行时间质谱仪，该质谱仪配备了基于质子转移反应的软电离技术，可绘制出具有新冠病毒标志物的挥发性有机化合物图谱（图 5.1.1）。由此，人们或许能够开发出一种通过呼吸来筛查疾病的快速方法。为了项目的顺利推进，大气化学家和分析员携手病毒专家，同里昂红十字山医院传染病科与重症监护室的医生们一起，加入了研究队伍。经化学计量学专家帮助分析医院收集的数据，团队得出了新冠病毒的化学标志物，让"吹气可探疾病"不再只是纸上谈兵。图 5.1.2 是在质荷比 50—500 的范围内，化学分析 3 个呼吸循环后获得的平均质谱图，它主要展现了新冠

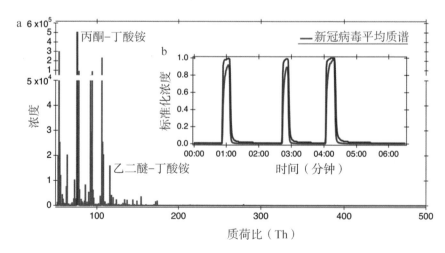

图 5.1.2 a. 化学分析 3 个呼气周期获得的平均质谱质荷比在 50—500 之间；b. 新冠病毒患者呼出气体中两种挥发性有机化合物的变化趋势图

病毒患者的丙酮峰值以及两种特定挥发性有机化合物的浓度变化趋势。

因此，随着化学分析技术的不断更新，我们可以及时地识别其他重大疾病，如各类癌症。目前，一些经过特殊训练的犬已经可以帮助识别乳腺癌患者了。这无疑给医学诊断带来了不少新"气息"！

参考文献

1. Lelieveld J., Evans J. S., Fnais M., Giannadaki D., Pozzer A., «The contribution of outdoor air pollution sources to premature mortality on a global scale», *Nature* 525, 2015: 367−371.

2. Di Francesco F., Fuoco R., Trivella M. G., Ceccarini A., «Breath analysis: trends in techniques and clinical applications», *Microchemical Journal* 79, 2005: 405−410.

3. Buszewski B., Kesy M., Ligor T., Amann A., «Human exhaled air analytics: biomarkers of disease», *Biomed Chromatogr* 21, 2007: 553−5.

4. Pauling L., Robinson A. B., Teranishi R., Cary P., «Quantitative analysis of urine vapor and breath by gas−liquid partition chromatography», *Proceedings of the National Academy of Sciences* 68, 1971: 2374−2376.

5. Bruderer T. *et al.*, «On−line analysis of exhaled breath», *Chemical Reviews* 119, 2019: 10803−10828.

（马修·里瓦　塞巴斯蒂安·佩里耶　克里斯蒂安·乔治）

医学影像的秘密

真正重要之物是肉眼无法看见的……

——安托万·德·圣埃克絮佩里（Antoine de Saint-Exupéry）

19 世纪末，人类发现 X 射线并发明了 X 射线摄影。在那之前，若想了解人类身体构造，就必须开膛破肚。自 20 世纪 70 年代起，随着科技进步和计算机技术的引入，涌现了很多新的影像设备，在医学界掀起了革命性的转变。这些设备涉及各种物理现象的应用：X 射线（CT 扫描仪）、超声波（回波描技术）、放射性（闪烁显像和 PET 扫描），以及水分子中氢核的磁性（MRI，即磁共振成像），等等。

磁共振成像是一种非侵入式影像技术，其三维成像效果具有非凡的对比度。因此，它在早期诊断和跟踪疗效方面成绩斐然。为了提高图像的质量，医生会先往患者体内注入造影剂以突出肿瘤或炎症等病理组织（图 5.2.1）。这些造影剂分子中含有一种鲜为人知的金属钆（一般被业界人士称为 Gd），它可以改变周围质子的磁性行为，从而影响最后成像的对比度。

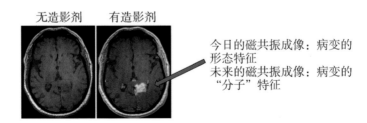

无造影剂　　有造影剂

今日的磁共振成像：病变的形态特征
未来的磁共振成像：病变的"分子"特征

图 5.2.1　一位肿瘤患者的大脑磁共振成像：注入钆对比剂后，肿瘤部位变得清晰可见

今天，磁共振成像主要用来生成解剖学影像。我们可借此进行病灶的形

态区分，如辨别肿瘤肿块。那能否进一步了解这个肿瘤呢？它的分子特征是什么？它的细胞是否排出了诱导转移的分子？为了解答这些疑问，一场由化学推动的革命正随着分子成像技术的诞生席卷而来。这场革命让生理参数和生物标志物可视化。事实上，生化紊乱往往先于形态学的改变，是病理的分子特征。能够及时在体内检测到这种变化对于早期诊断和个性化医疗有着重大意义。除了临床医学应用以外，分子成像技术也是疾病分子成因研究和生物功能研究的宝贵工具。

化学则在分子成像技术中起着关键作用。因为每检测一种生物标志物都需要设计相应的造影剂。当造影剂被注入人体之后，这些分子探针将会特异性地聚集在它们的靶点（例如癌细胞）上，使其"无处遁形"。

与目前临床上使用的非特异性造影剂不同，这种新型探针将会被能识别生物标志物的分子片段修饰，继而在磁共振成像的影像上产生局部信号强度增大的效果（图 5.2.2a 和 b）。虽然目前磁共振成像灵敏度较低（在目标部位需要使用大量造影剂才能获得对比度良好的图像），但越来越多的案例证实了该技术的强大潜力。例如，很多疾病会导致组织纤维化，这种纤维化的特征就是细胞外基质中的一种蛋白质——胶原蛋白——逐渐被氧化。Gd-OA 则具有氧胺功能，能够识别出在纤维化组织中聚集起来的氧化胶原蛋白。如图所示，

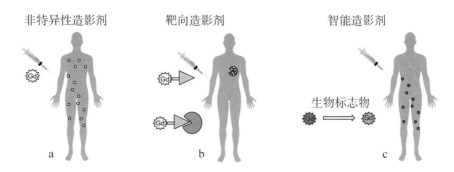

图 5.2.2   a. 非特异性造影剂会分布在身体各部；b. 靶向造影剂可聚集在人体某个特定部位；c. 智能造影剂则需通过与生物标志物相互作用来激活后，才可在图像上显现

实验小鼠肺部信号急剧增强（图 5.2.3 中红色部分），正代表着这种纤维化，而靠传统造影剂是很难让人目睹这一切的。

化学家还掌握了制造智能（可激活）造影剂的技术，也就是可以根据自身与环境的相互作用而改变其在磁共振成像上显影能力的造影剂。事实上，造影剂的对比度是由其分子结构决定的（即直接与钆结合的水分子的数量和大小）。通过该显影剂与组织内生物分子之间的

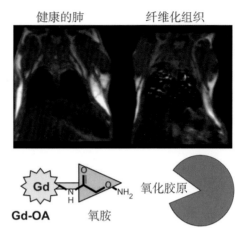

图 5.2.3　通过注射靶向 Gd-OA 造影剂来监测小鼠肺部组织的纤维化：Gd-OA 可识别氧化胶原蛋白这一分子特征

相互作用，可以操控造影剂的结构，继而操控它在磁共振成像上的显影效应（图 5.2.2c）。因此，这些智能探针可以在磁共振成像的影像上指示各种生物标志物（酶、神经递质等）的存在，还可以显示组织的酸度和温度。

酶是一种生物催化剂，当疾病出现时，酶的活性往往会受到影响。因此，能够实时绘制生物体内酶的活性图谱，对了解生理功能和病理过程有着重大意义。

智能造影剂大多被设计成可被酶特异性识别并转化，其磁共振成像显影特性也随之改变。例如，Gd-L1 分子的结构限制了水分子与 Gd 的接触，因此不具有 MRI 显影效率，而通过 β - 半乳糖苷酶对该造影剂分子进行酶切（图 5.2.4 中紫色部分），可帮助水分子进入 Gd 分子继而提高其显影效率：我们在图像中酶所在的位置观察到强烈的信号。该造影剂让人类首次得以通过磁共振成像观察到一只两栖动物胚胎中的 β - 半乳糖苷酶。

胱天蛋白酶（caspase-3/7）则是另一种肿瘤指标，它可以标记治疗起效时凋亡的肿瘤细胞。在实验小鼠体内，通过 Gd-L2 造影剂检测这种酶的活力，医生便能观察到肿瘤的哪些部分对治疗起了反应（图 5.2.5）。胱天蛋白酶对

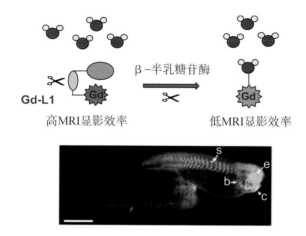

图 5.2.4　智能造影剂可由 β–半乳糖苷酶激活；这种酶可切掉一部分造影剂，促进水分与 Gd 结合，提高显影效率；目前科学家已成功绘制出两栖动物胚胎里该酶的分布图

Gd–L2 的作用会帮助造影剂分子转化并形成聚集体（图中黄色部分），由于这些聚集体体积够大，因此可以释放出强烈的磁共振成像信号。高信号强度的位置（白色部分）证明该酶的存在，也就意味着癌细胞的大量凋亡，人们可以借此判断抗癌治疗的效果。

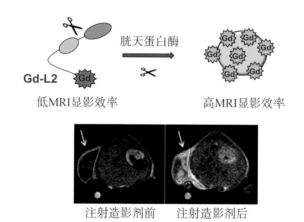

图 5.2.5　造影剂被胱天蛋白酶激活；酶切后，造影剂可形成具有良好显影效率的聚集体；该系统可让人观察到小鼠体内肿瘤细胞的凋亡，表现为高胱天蛋白酶活性，即肿瘤外围红色部分

另外，智能造影剂还可以帮助人们更好地理解大脑。负责在神经元之间传递信息的主要是神经递质和钙离子：很多研究都致力于通过磁共振成像显影这些介导物，因为追踪它们在神经元传递过程中的浓度变化可以很好地实时跟踪大脑活动。这一想法虽然还未能完全实现，但神经递质或钙离子探针业已问世。

此外，还有一些可被热量等物理性质激活的显影剂，如温度响应磁共振造影剂（图 5.2.6）。人们将显影剂分子和抗癌药物一起封入脂质体胶囊中。这个胶囊就像一个小集装箱一样，在 37℃时保持稳定但在 42℃时便会爆裂并释放内容物。因此，注入这种造影剂后，可对局部肿瘤组织进行超声波加热。局部达到 42℃后，脂质体在释放药物的同时也释放了造影剂，后者可以在 MRI 上显影，方便医生观察治疗区域。

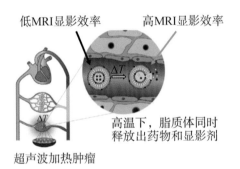

图 5.2.6　可由温度激活的造影剂：对肿瘤进行局部加热，释放药物和造影剂，随后可在图像上显影

虽然到目前为止，这些智能探针还未在人体中开展类似的应用，但动物模型得出的结果已经昭示了生物医学研究的重大进展，也预示着医学将迎来重大的技术突破。

参考文献

1. Merbach A. E., Helm L., Tóth É., *The Chemistry of Contrast Agents in Medical*

Magnetic Resonance Imaging, John Wiley & Sons, 2nd edition, 2013.

2. Li H., Meade T. J., *J. Am. Chem. Soc.*, 2019, 141: 17025−17041.

3. Ye D., Shuhendler A. J., Pandit P., Brewer K. D., Seng Tee S., Cui L., Tikhomirov G., Rutt B., Rao J., *Chem. Sci.*, 2014, 5: 3845−3852.

（埃娃·雅各布·托特　段碧翠）

母女同辉：
伊雷娜·居里与放射性研究

我从未因耽于科学研究而失去对生活的关注和好奇。

——伊雷娜·居里（Irène Curie）

　　了不起？这个词远不足以形容伊雷娜·居里那璀璨的科学生涯。"非凡""卓越""令人钦佩"这样的字眼或许更贴切些。她是继自己的母亲玛丽·居里（Marie Curie，即我们常说的"居里夫人"）之后，第二位获得诺贝尔奖的女性，同时也是法国历史上首位担任科学研究部部长的女性。要知道，那可是一个女性连投票权都没有的年代。伊雷娜·居里不愧为 20 世纪最伟大的人物之一（图 5.3.1）。

　　自不用说，一切都始于科学。准确来讲，伊雷娜·居里生来就注定与科学结缘。1897 年，小伊雷娜降临人世时，她的父母正着手研究贝克勒耳（Henri Becqurel）发现的"铀射线"——3 人也一起获得了 1903 年诺贝尔物理学奖。从小，伊雷娜·居里就浸润在父母这两位科学巨擘及其同僚们的科学对谈中，并从中培养起了浓厚的好奇心。不仅如此，她的祖父欧仁·居里（Eugène Curie）也是一位思想开明的医生，常常鼓励小伊雷娜。尤其当她的父亲皮埃尔·居里在 1906 年因为车祸意外去世后，祖父在其成长教育中所扮演的角色变得愈发关键了。

图 5.3.1　伊雷娜·居里

　　在玛丽·居里看来，当时法国的教育体系过于封闭死板，扼杀了孩子们的好奇心。于是，她联合当时的一众著名科学家共同创办了一家教育合作社，在那里，男女学生共享同样的课程：佩兰负责化学课，朗之万（Paul Langevin）上数学课，她自己则担负起物理课的教学，可谓超强阵容！因此，伊雷娜·居里从小就接受了坚实的教育，并很快在母亲的带领下将理论付诸实践。一战爆发时，母女俩携带放射设备，乘坐被称为"小居里"（petites Curies）的治疗车奔赴前线，救治伤员。正是这次经历让伊雷娜·居里发现，科学不仅美丽迷人，更可以给人类带来福祉。

　　战争结束后，伊雷娜·居里进入辐射研究所，成为母亲的助手。1924 年，一个年轻人加入了实验室：这个叫弗雷德里克·约里奥（Frédéric Joliot）的男人先是成为她的实验好伙伴，并很快发展为她的生活伴侣。这两位"研究员"（这个词在当时逐渐流行起来）很快在核研究领域崭露头角。在他们携手完成的一项项出色研究中，人们很难划清两人各自的分工与贡献，我们只知道弗雷德里克经常被伴侣那顽强的意志和敏锐直觉折服。

通过一种极为巧妙的化学提取技术，伊雷娜和弗雷德里克提炼出了世界上最纯净的钋样本。20世纪30年代初，他们开始研究起一种新的辐射，它具有"电中性且穿透力极强"，最早由德国科学家博特（Walter Bothe）和贝克尔（Herbert Becker）发现。夫妇二人发现，这种辐射能从石蜡中剥离质子，但他们还不太确定这种现象的具体成因究竟是什么。在两人犹豫之时，海峡对岸的英国科学家查德威克（James Chadwick）在阅读了他们发表的论文后，抢先一步将这种现象归因于一种新的粒子——中子。该发现为他在3年后赢得了诺贝尔物理学奖。

因错失良机而抱憾的两人并不气馁，他们继续埋头研究，不过这次又因一步之差，错过了正电子的发现。功劳最终归给了美国人安德森（Carl Anderson）。足见当时国际竞争之激烈，当然这也不是什么新鲜事了。关键性的实验发生在1934年1月：在对一片铝箔进行轰击后，两人发现了一种前所未有的放射性磷。这种被称为"人工放射性物质"即可以通过实验获取的放射物的发现，终于让伊雷娜和弗雷德里克夫妇以"约里奥－居里"之名在1935年摘得了诺贝尔化学奖。尽管两位科学家继续以各自的名字发表论文，但是媒体越来越喜欢将他们的姓氏联系在一起。遗憾的是，玛丽·居里在见证了这令人无比激动的历史性发现后不久便去世了，未能亲历女儿女婿获奖的荣耀时刻。

两人的发现为物理和化学开启了一片广阔的研究领域以及新的应用方向。伊雷娜·居里在自己的科学研究之余，也会偶尔离开心爱的实验室，投身于更广泛的社会活动：除了为反法西斯和反极权运动奔走呼号之外，她还致力于为妇女争取权益，积极推进法国国家研究组织及机构的建立与发展，并与CNRS的创始人佩兰一起并肩工作。人民阵线选举获胜之后，伊雷娜·居里于1936年6月成为法国历史上第一位女科研部部长，让她得以继续为捍卫科学和妇女事业而奋斗。无论在担任部长期间，还是在后来倡导建立法国原子能和替代能委员会及奥赛大学校园的事情上，伊雷娜·居里都让对手们心服口服：她坦率直言，反对虚伪和墨守成规，无论是在政治斗争还是科学研究中，都始终尊崇并坚持实事求是这一基本原则。

（丹尼斯·古特莱本）

阿尔茨海默病与
背后的化学家们

没有什么比记忆
更能孕育与滋养人的思想。

——普鲁塔克（Plutarch）

寻找行之有效的阿尔茨海默病治疗方法，是当今社会不容忽视的公共卫生议题。一方面，大众媒体对该疾病的关注和报道与日俱增，另一方面，我们身边越来越多的家庭正在经受这种与年龄相关的神经退行性疾病的考验。

据调查，法国的人均寿命从 18 世纪中叶的 35 岁提高到了今天的 79 岁（男性）和 83 岁（女性）。随着寿命的延长，罹患阿尔茨海默病的风险大大增加，尤其过了 75 岁，这种风险变得极高。1950 年，法国人均寿命维持在 63—65 岁，当时受阿尔茨海默病影响的人较少；而今天，患病人数已经高达 90 万人。

阿尔茨海默病是一种慢性疾病，病程漫长且痛苦，对患者的家庭和医护人员来说也十分煎熬。面对这种困难，医生和研究人员往往无能为力。早期用于治疗该病的药物分子为乙酰胆碱酯酶抑制剂（如他克林、多奈哌齐、利斯的明和加兰他敏），或是 N-甲基-D-天冬氨酸再摄取抑制剂（NMDA）；天冬氨酸是一种很重要的受体激活剂，对于唤醒与记忆功能和突触可塑性相关的受体具有重要意义。

过去的 20 多年间，研究人员积极地寻找新型治疗药物。最近一款获得美国食品药品监督管理局（FDA）批准的药物是 2003 年的美金刚。备受期待的甘露特钠胶囊（GV-971）*，在 2019 年获得了中国国家药品监督管理局的批准。更大规模的临床应用将有助于证实它的确切疗效。不过，患者和患者家属的翘首以盼更要求学术界以及制药公司在广告宣传时要谨慎行事。

那么，在对抗阿尔茨海默病的斗争中，化学家做了些什么呢？自 20 世纪 80 年代以来，针对小分子（相对分子质量小于 1 500）的物理化学工具开始应用于生物学大分子研究，生物科学研究也因此开始向分子靠近。人们越来越多地从分子层面，也就是化学家所熟知的尺度，去理解导致病理的生物变化。例如，利用分子学知识分析活检中癌细胞的变化在推动癌症治疗方面取得了重大进展。

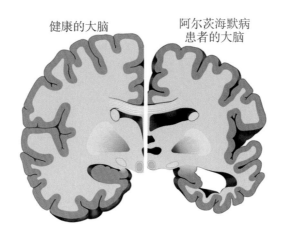

图 5.4.1　健康大脑（左）与受阿尔茨海默病影响的大脑（右）的对比图

然而，并非对所有疾病的理解都如对癌症那般有了长足进步。想要收集脑部疾病的信息就艰难很多，因为大脑受到颅骨和血脑屏障的层层保护。如果说脑成像学科近年来取得了重大进展，那么其背后的主要功臣之一就是化学。化学提供了获取高清晰度成像所必需的造影剂，让大脑病灶及其演化过

---

　　* 这种药物的商品名为"九期一"。——译者

程可视化。人们也由此获知,大脑在退化过程中会失去自身质量的 20%—30%（图 5.4.1）。现在,我们使用氟代脱氧葡萄糖（18F-FDG）作为正电子断层发射扫描的示踪剂,用于观察疾病期间,大脑代谢所必需的葡萄糖循环有什么样的变化。

然而,图像上所观察到的变化和分子水平上的变化在尺度上仍然存在着好几个数量级的差异。此外,大脑也不像其他人体器官那样容易接触。30 多年前,动脉堵塞一直让心脏病专家一筹莫展。现在,内窥镜微型化、活性支架（即对支架进行细胞毒性化学制剂处理,防止形成新的动脉粥样硬化）和有效抗凝剂——研制成功;只要心脏病患者在发作时能及时被送诊至设备齐全的医院,他们就不会有生命危险。医学的这种进步是诸多领域同时创新的结果。

在化学的帮助下,人们在理解阿尔茨海默病方面的确取得了重大进展,但即便有学术界和制药业的不断努力,其进展仍然不如其他疾病的研究那般理想。

30 多年的研究为我们逐步揭开了阿尔茨海默病的主要致病因素:具有神经毒性的 β 淀粉样肽在神经元外部异常堆积,导致 tau 蛋白过度磷酸化而在神经元内部形成纤维丝状缠结,加之氧化应激,引发神经元大规模破坏。因此,了解神经元损失的原因是设计和合成针对性药物的关键。这种神经元的破坏往往开始于大脑中的海马体,也就是构建记忆的部位。此外,开发药物还需要合适的动物模型,用于模拟预测这种神经退行性疾病,而这一点很难做到,因为 95% 的人类病例与遗传因素无关。

那么,开发新药在哪些地方要用上化学呢?可以说处处都需要。研究人员设计了多种实验,尝试用单克隆抗体调节 β 淀粉样肽的活性,都未成功。尽管该生物疗法在癌症治疗中有显著功效,在面对血脑屏障时却举步维艰。血脑屏障具有高度选择性,它不允许抗体等蛋白质进入大脑,却允许药物类的小分子进入:无论是天然药物分子,还是人工合成的分子如尼古丁、可卡因、海洛因、大麻素等。用于治疗精神疾病的药物也是小分子的,其相对分子质量通常低于 500。这正属于化学可以大显身手的尺度!

除此之外，在寻找候选药物方面，也需要化学的介入，例如开发具有特异性的铜螯合剂。铜和阿尔茨海默病有什么关系呢？要知道，人体非常需要具有氧化还原性的金属离子如铜离子或铁离子，它们都是金属酶的重要组成部分，而金属酶可以催化神经递质的合成。神经递质是一种小分子，会在神经元之间循环，以传递神经冲动。对阿尔茨海默病患者遗体的检验结果显示，铜离子在淀粉样蛋白斑块中显示出了高聚集，这说明铜离子在脑内的循环和分布失去了控制。铜很容易被内源性还原剂（谷胱甘肽、NADPH 等）还原；相反地，它也很容易将氧还原为羟基自由基，后者会对神经元产生毒害。

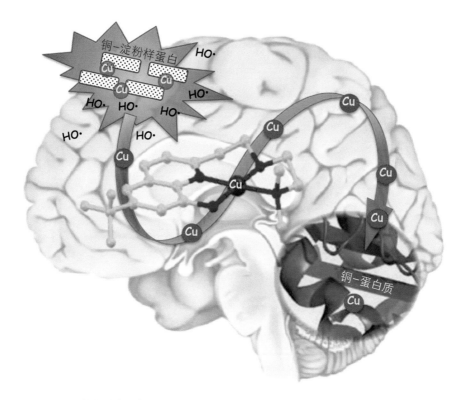

图 5.4.2　阿尔茨海默病患者大脑内的铜稳态调节示意图

目前，我们的实验室与广东工业大学联手，正在潜心开发一种特异性铜螯合剂（TDMQ 配体，图 5.4.2），可将被 β 淀粉样肽固定的铜离子转移到大脑内的天然铜载体上，从而恢复大脑中铜的稳态平衡。眼下，团队正在用非转基因小鼠对其中一种螯合剂进行药理学评估，以了解这些分子在减缓甚至扼制记忆衰退——这一阿尔茨海默病典型特征——方面的能力。

参考文献

1. Meunier B., «Age and Alzheimer's disease», *Nutrients*, 8: 372–373 (2016).

2. https://www.inserm.fr/en/health–information/health–and–research–from– z/alzheimer–disease

3. https://upload.wikimedia.org/wikipedia/commons/thumb/a/a5/Alzheimer%27s_disease_brain_comparison.jpg/1024px–Alzheimer%27s_disease_brain_comparison.jpg

4. Liu Y., Nguyen M., Robert A., Meunier B., «Metal ions in Alzheimer's disease : a key role or not?», *Acc. Chem. Res.*, 52: 2026–2035 (2019).

5. Ceccom J., Coslédan F., Francès B., Lassalle J. M., Meunier B., «Copper chelator induced efficient episodic memory recovery in a non–transgenic Alzheimer's mouse model», *Plos One*, 7 (8): e43105 (2012).

（贝尔纳·默尼耶　安妮·罗贝尔）

靶向纳米药物的巧思

我们为了治愈身体而不惜一切，甘愿忍受一切苦难，
我认为，治愈灵魂也值得同样的努力。

——乔治·桑（Georges Sand）

用纳米技术将活性成分封装在尺寸从几十到几百纳米不等的颗粒中，深刻地改变了注射用颗粒悬浮液的给药模式。实际上，直到20世纪70年代，药学专业的学生还被告诫向静脉注射悬浮颗粒是绝对禁止的：大于微米的颗粒，极有可能造成血栓栓塞。胶体化学的出现以及生物制药日新月异的发展，为纳米颗粒悬浮液靶向递送（靶向化）技术开辟了新的道路。纳米药物这一概念的成熟，也同时归功于超分子化学和共轭化学的发展，人们从此得以通过聚乙二醇，或是通过识别配体来功能化颗粒表面，继而提高其特异性。换言之，使用纳米药物可以保护活性成分不被代谢；增加其血浆浓度并改变它在体内的分布；将药物针对性地导向病灶，即目标组织和细胞；改善其在细胞内的渗透性；在整体上改善包封药物的治疗指数。除此之外，化学还带来了更新颖的技术变革：通过设计"智能"材料，来创造新的纳米载体。这些载体对内源性刺激（pH或离子强度的改变）或外源性刺激（如温度变化、磁场变动、超声波或辐射等）非常敏感，因此方便了人们操纵这些药物在正确的时间释放至正确的位置。纳米药物甚至可以兼顾治疗和诊断（医学影像）的双重使命。这种"诊疗合一"的技术手段，让个性化医疗再前进一步。最后，还有"多药"纳米颗粒概念的诞生，即在同种颗粒内聚合几种能够作用于不同靶点的活性物质，以增强药理活性。最新案例便是一种可治疗新冠病毒相关炎症反应的药物。

这种技术在20世纪80年代还被当作是实验室内的猎奇手段，如今却已

开始应用于重大疾病的治疗。目前，超过 5 种纳米药物获得了欧洲药品管理局（EMA）或是美国食品药品监督管理局的批准；还有 80 种纳米药物正在接受临床试验。

将生物活性成分包封到纳米载体中需要诉诸一定的物理方法，如包封、捕获、吸附等，但这些方法往往都有一定的瑕疵，比如目前技术下，包封率都较低（活性成分质量仅占载体材料质量的百分之几，甚至更少）。有时，药物会不受控制地释放，即爆释（burst release）。因此，纳米药物只适用于极低剂量的高药理活性分子，否则就需要能够控制过量的载体材料，这不仅会带来较高的毒理学风险，往往也需要很高的注射量。

最终，是角鲨烯惊人的化学性质解决了这一难题。角鲨烯是一种生物相容的天然脂质，也是胆固醇生物合成的前体。在水介质中，该化合物具有致密的分子构造，使其能够进入氧化鲨烯环化酶的疏水囊。氧化鲨烯环化酶，顾名思义，是酶的一种，可将角鲨烯环化成羊毛甾醇，这也是转化成胆固醇前的最后一步。科学家正是利用了角鲨烯这种显著的特性，让具有药理活性的分子与角鲨烯配对。于是，每一个角鲨烯分子都负载一个活性成分，载药量便大大增加了。更妙的是，特别存在于靶向组织或细胞中的一种酶可水解化学键，方便人们精准控制活性物质在体内的释放，也就是说，以往的"物理"封装被如今的"化学"封装取代。不过，惊喜还远不止于此，角鲨烯生物共轭物还可自组织成直径约 100 纳米的颗粒物。这一特性让可获得的结构不仅花样繁多，还常有意外惊喜。例如，角鲨烯与具有抗癌活性的核苷衍生物吉西他滨耦合，会获得一种球形纳米颗粒，其内部由反向六方结构构成。腺苷－角鲨烯则会形成大小相同但具有片层或立方结构的球形颗粒。当另一种抗癌药物阿霉素与角鲨烯结合时，会形成细长的纳米颗粒，主要是不同长度的丝状体、圆柱体或是棒状体。触发角鲨烯生物共轭物的超分子组装是由疏水角鲨烯－角鲨烯间相互作用，以及核苷衍生物的氢桥作用引发的。阿霉素－角鲨烯纳米颗粒之所以具有热力学稳定性，主要源于阿霉素分子的堆叠以及角鲨烯分子所产生的疏水相互作用。角鲨烯与大分子如核酸或肽耦合后，也可获得纳米颗粒。

角鲨烯与吉西他滨、阿霉素和顺铂耦合后，显示出比游离型抗癌药物更强的抗癌活性。同时，在鼠或人体内进行的诸多前临床试验也表明，该靶向药物的毒性大大降低了。最近，学界也揭开了这些纳米粒子的作用机制：静脉给药后，角鲨烯生物共轭物会进入内源性低密度脂蛋白（LDL），并用这种脂蛋白颗粒作为间接载体，瞄准并破坏肿瘤细胞，而肿瘤细胞的特点恰恰就是低密度脂蛋白受体高表达（图5.5.1）。

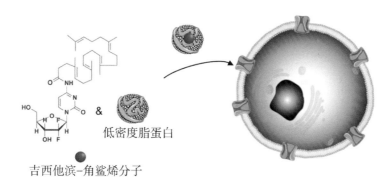

图5.5.1　吉西他滨－角鲨烯（SQGem）分子，利用低密度脂蛋白（LDL）实现对肿瘤细胞的精确靶向递送

不过，真正取得惊人进展的则是在神经科学领域。人体内的一种内源核苷腺苷是一种神经调制，其血浆半衰期极短（10秒），很难起到疗效。最近，人们发现腺苷－角鲨烯分子可以在血室内储存腺苷，从而对脑部微循环起到神经保护作用。针对小鼠的脑缺血实验结果表明，在不通过血脑屏障的情况下，我们也可获得药理效应。随后，这一方法被沿用到了疼痛治疗中：科学家在肽的N末端或C末端位置合成了一个与角鲨烯耦合的小型亮氨酸脑啡肽（一种内源性内啡肽）库。其中，化学连接的形成主要依靠酶促反应。这些纳米药物在大鼠体内具有显著而持久的止痛作用，其曲线下面积（AUC）比吗啡的还要大。由于使用了不穿透血脑屏障的阿片类受体拮抗剂，亮氨酸脑啡肽－

角鲨烯纳米颗粒会绕过脑组织，只作用于外周受体，这一点和吗啡大为不同。近红外成像结果显示，这种纳米颗粒可以将神经肽递送到引发疼痛的特定炎症区域，因而可以有效避免由吗啡或阿片类药物引起的成瘾；在美国，这类药物成瘾波及了超 1 100 万人，每天造成 200 多人死亡。

由此可见，是化学，为人类的医学和药学开辟了无比广阔的前景！

参考文献

1. Couvreur P., *Leçon inaugurale du Collège de France*, Fayard, 2010.

2. Mura S., Nicolas J., Couvreur P., «Stimuli-responsive nanocarriers for drug delivery», *Nature Materials*, 2013, 12: 991–1003.

3. Gaudin A., Yemisci M., Eroglu H., Lepêtre-Mouelhi S., Turkoglu O.F., Dönmez-Demir B., Caban S., Sargon M.F., Garcia-Argote S., Pieters G., Loreau O., Rousseau B., Tagit O., Hildebrandt N., Le Dantec Y., Mougin J., Valetti S., Chacun H., Nicolas V., Desmaële D., Andrieux K., Capan Y., Dalkara T., Couvreur P., «Squalenoyl adenosine nanoparticles provide neuroprotection after stroke and spinal cord injury», 2014, *Nature Nanotechnology*, 9: 1054–1063.

4. Dormont F., Brusini R., Cailleau C., Reynaud F., Peramo A., Gendron A., Mougin J., Gaudin F., Varna M., Couvreur P., «Squalene-based multidrug nanoparticles for improved mitigation of uncontrolled inflammation», *Science Advances*, 2020, 6: eaaz5466.

（帕特里克·库夫勒尔）

波捷与科学创业之路

> 我一直尊重那些捍卫语法与逻辑的人，
>
> 50 年后人们终于意识到，
>
> 他们为我们抵御了怎样的危险。
>
> ——马塞尔·普鲁斯特

波捷（Pierre Potier）是一位了不起的化学家：他既是一位具有创新精神的科学家，又是一位卓越的管理者和企业家（图 5.6.1）。

波捷并非一位传统派的科学家，他从不拘泥成规，且直觉敏锐。他在 1998 年获得 CNRS 金奖。当时的颁奖词是这么说的：这位科学家"成功地让美国市场认识了两种分子"。这两种分子，便是大名鼎鼎的长春瑞滨和紫杉醇，后经由法国皮尔·法伯实验室和罗纳普朗克公司联合开发成相应的两种抗癌药物——诺维本和多西他赛。

波捷曾在 CNRS 从事基础及应用科学的研究。那里给了他绝对的学术自由。他不仅常常与其他学科联动，也和产业界保持密切合作。他于 1978 年启动了药物跨学科研究计划（PIRMED），并着手创建新的研究机构，其中就包括在蒙彼利埃建立的 CNRS/INSERM（法国国家健康与医学研究院）联合实验室，以及位于圣佩尔医学院的化学实验室。同时，他还是 CNRS 与法国药企 Roussel-Uclaf 联合研究中心跨学科实验室的主任（1984—1989 年）。

除法兰西科学院院士的身份外，波捷还身兼多家科学委员会和制药公司的顾问一职。其间，他撰写过不少关于"科研管理"的笔记；这些笔记十分实用中肯，绝非官僚空谈。波捷曾担任法国研究和技术总署总干事（1994—1996 年），"化学之家"的主席（1995—2006 年），在国内外都广获赞誉。但他最

图 5.6.1　1978 年，波捷（左）、格里特（Françoise Guéritte，中）和盖纳尔（Daniel Guénard，右）在法国天然物质化学研究所的合影

引以为傲的，还是作为古斯塔夫·鲁西癌症研究所的荣誉顾问，获准陪同医生进行患者走访。

　　我们不妨先一同回顾波捷的学术生涯。1957 年，波捷毕业于巴黎药学院，求学期间他也并未放弃理论科学的研究（这在当时是不被允许的）。之后，他成为 CNRS 的博士后研究员。他的职业生涯与法国天然物质化学研究所（ICSN）的发展轨迹密不可分。波捷在 1974—1977 年期间担任该所所长，和他一起担任联合所长的还有同样获得 CNRS 金奖（1974 年）的勒德雷尔（Edgar Lederer），后者也是法兰西科学院院士（1984 年）。波捷先后与诺贝尔化学奖得主巴顿（Derek Barton）以及乌里松（Guy Ourisson）一起担任过该所的联合所长（1978—1989 年），并于 1989—2000 年间单独出任所长一职。

　　在波捷看来，自然界中丰富的天然物质，为学术研究提供了无尽的宝藏。他在各地组织了广泛的探索和合作任务，并对马达加斯加表现出了尤为浓厚的兴趣。马达加斯加的博士生们也因此得以来到法国天然物质化学研究所研究长春花属（*Catharantus*）植物。波捷致力于寻找具有生物活性的化合物，并与塞弗内（Thierry Sévenet）一起创建了新喀里多尼亚药用植物实验室；在那里，他们成功分离出了包括玫瑰树碱在内的多种天然化合物。此外，他们还合成了多种玫瑰树碱衍生物，例如羟甲基椭圆玫瑰树碱醋酸酯，1978 年，巴斯德研究所与赛诺菲制药联合生产制造了该药品并将其应用于化疗。20 世纪 80 年代，人们将目光转向海洋动植物，以寻找具有潜在抗肿瘤活性的化合物。波捷领导的团队从一种海绵中分离出了一种具有强烈抗肿瘤活性的化合物，即 girolline。

20 世纪 60 年代末，波捷及其团队开始着手研究生物碱的 N-氧化反应（即波罗诺夫斯基反应）。该反应经他改良后很快被用于合成长春花碱家族的生物碱，这些生物碱提取自长春花（*Catharanthus roseus*）叶，对治疗霍奇金病和淋巴瘤有显著作用。将改良后的反应——从此名为"波罗诺夫斯基-波捷反应"——应用于长春质碱和文多灵碱，直接催生了 3 种新的抗癌药物（图 5.6.2），分别是脱水长春碱（1974 年）、异长春花碱（1977 年）和长春碱（1978 年）。

波捷对生物碱化学及相关微管聚合抑制剂作用机制十分着迷，这些蛋白质组成了有丝分裂纺锤体，细胞分裂时染色体可在其中进行迁移。1975 年，人们通过体外实验对这些天然产物或合成产物的活性进行评估。微管聚合测试让异长春花碱有幸被选为第一个进行临床评估的药物，并最终成为抗癌药物诺维本。

到了 20 世纪 80 年代，波捷开始对紫杉醇产生浓厚兴趣。紫杉醇是从短叶红豆杉（*Taxus brevifolia*）中分离出来的一种成分，也是一种微管抑制剂，具有抗肿瘤活性，该研究成果在美国接受了首次临床评估。但是，短叶红豆杉是一种珍贵的受保护物种，其树皮中可提取的紫杉醇含量远不足以进行工业生产。为此，波捷团队在掌握了通过微管实验进行体外生物活性评估这一方法后，

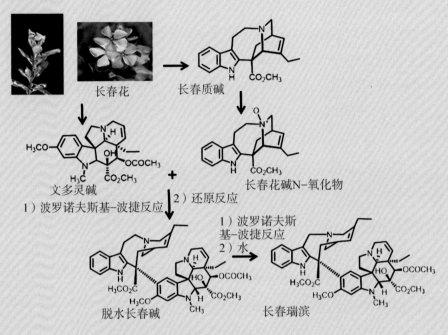

图 5.6.2 从长春花到抗癌药物诺维本

开始对欧洲红豆杉（*Taxus baccata*）中的化合物进行全面研究。为了进一步深入探索，波捷与罗纳普朗克公司合作。化学研究结果显示，欧洲红豆杉的叶与短叶红豆杉的树皮不同，是一种可再生资源。这项研究大规模提取出了 10-脱乙酰基巴卡丁Ⅲ，这是紫杉醇和其他类似衍生物的前体。1984 年，科学家通过半合成方法成功制备了多西他赛。多西他赛作为微管蛋白解聚的抑制剂，表现出了更优越的抗肿瘤活性。这一发现最终促成同名药物的诞生；该药物于1994 年获得上市批准（图 5.6.3）。

　　波捷一生雄心勃勃、志向高远，他不断地与糖尿病和癌症等人类重大疾病做抗争，并致力于科研体制改革。同时，他脚踏实地，积极地与产业界展开合作，并不断改善合同条款，从根本上保证公共研究及相关研究人员的不懈努力能得到应有的回报。他用自己的专利费用资助了众多科学研究，这便是最好的证明之一。

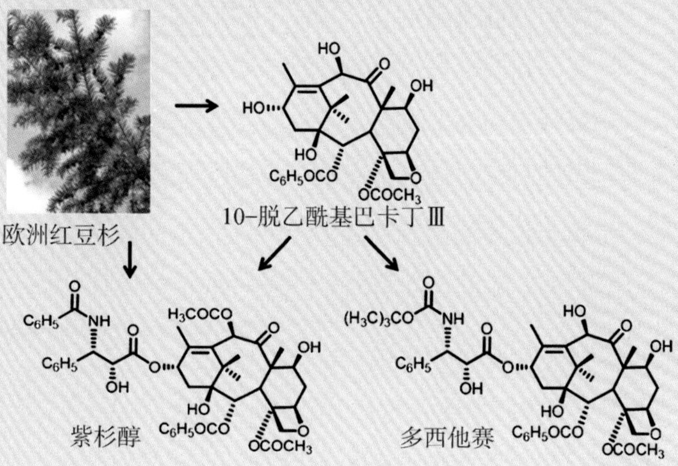

图 5.6.3　从欧洲红豆杉到紫杉醇

（米里埃尔·勒鲁）[*]

---

　　[*] 作者特别鸣谢格里特女士，感谢她在担任法国天然物质研究所主任期间，对本文的支持与细心审阅。

微流体：大道至简

少，即是美。

——利奥波德·科尔（Leopold Kohr）

蚍蜉真可撼大树吗？

微流体似乎给了我们别样的答案。它生动地向我们展示了如何巧妙地以少博多，以小博大，以更少的投入换取更丰厚的成果，真可谓小"材"大"用"（图 5.7.1）。

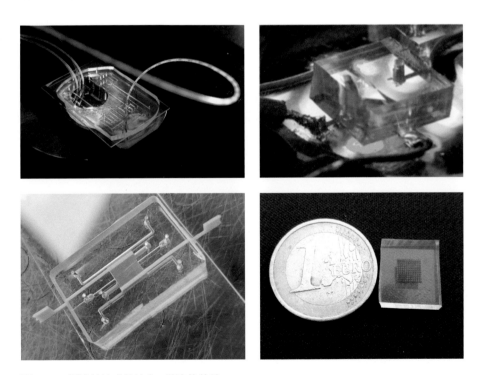

图 5.7.1　微流体技术的核心：微流体芯片

　　微流体学自诞生不过 30 余年，是科学史大家族里的一个后起之秀。作为一个新兴跨学科领域，它将微纳米科技与化学、物理学和生物学联系在了一起。微流体学的主要内容，便是在如发丝般纤细、直径在几微米至几百微米间的极细管道中，操控体积仅有 10^{-15}—10^{-6} 升的液体。微流体的魅力，恰恰在于微米尺度上所呈现出的惊人物理现象。

　　说到微流体学，就不得不提芯片制造（和微电子集成电路同名，因为其制造本质上是同一门技术）。芯片包含许多元件，如微通道、阀、微腔室或膜。有了这些元件，就可以合成分子，或者以分子或单个细胞的灵敏度去分析样本，实现无与伦比的能量生产效率，甚至可以在体外再造人体器官。下面，让我们用 3 个例子，来展现微流体的多样性与无穷潜力。

1 流体中的固体：结晶的艺术

　　液体中出现晶体，在生活中已经不是什么新鲜事了：海水蒸发留下盐晶体、云层中的冰晶化成冰雹落向地面……尽管自然界中这种现象俯拾皆是，但人类其实还未能充分地理解和掌握背后玄机。另一边，工业生产却又要求人们能深入了解结晶、优化结晶。结晶是许多化学过程的关键一步，药物制造、制糖等都离不开结晶过程。生物学家则希望获取蛋白质晶体，以了解它们的结构并揭秘它们的生物学功能（图 5.7.2）。想要找到培育结晶的方法，往往需要尝试数百种配方，其中大部分凭借的是直觉和经验。在筛选试验中，人们需要同时测试大量不同的配方以便在最短时间内找到最有效的途径，而可用的蛋白质相当稀缺，很难支持如此量级的试验。21 世纪初，微流体技术的发展彻底颠覆了这一窘境。通过一种巧妙的芯片，科学家只需几微升的蛋白质就可筛选出千种不同的结晶条件。当然，仅仅确定了最佳结晶条件还远远不够，真正的挑战是培育出足够大小和质量的晶体。在较大体积的溶液中，很难避免液体的对流传输，这会大大影响晶体的质量。微流体技术制造出的芯片能让晶体在几微升的溶液中生长，从而尽量避免晶体受到储备溶液中湍流的影响。然而，溶液中是否出现晶体归根到底还是一个随机现象。无论是在较大体积还是仅几微升的溶液中，研究所谓的聚粒化现象都绝非易事。掺入任何一丝的杂质都可能导致第一个晶体的出现。微流体，特别是所谓的"数字"微流体（主要涉及在液滴中形成晶体，每个形成的晶体就如信息科学中的"数字"）在这方面就具有显著优势，它可以同时观测研究几千滴只有几纳升（10^{-9}升）液滴中晶体的出现，从而免受杂质影响。目前微流体的筛选能力已有效攻克了这一难题，并开始广泛地运用于药物筛选，滴剂中同时封装人体细胞和活性成分成为可能。

图 5.7.2　微流体通道中的蛋白质晶体

2 化学合成的时间与空间

　　重要分子的工业化生产，如药物活性成分的制造，需要在巨大的金属反应器中进行，我们可以将其看成大号的实验室玻璃器皿。一般来说，能产出多少目标分子，与反应器体积有内在联系。微流体反应器尽管在体积上小了好几个数量级，却能合成大量物质，这听上去有违常理。当然，前提是流体要持续流过足够长的一段时间。

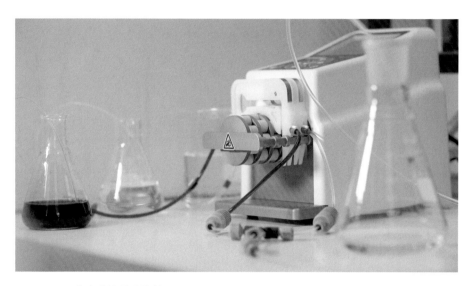

图 5.7.3　器官合成的微流体装置

　　这种连续流过程的效率是由目标产物的"时空产率"来衡量的。公式为反应时间 = 反应器体积 / 流量，代表了反应器体积和反应时间之间的相关性。也就是说，在微流体技术中，控制空间就意味着控制时间，因为微流体反应器可以触及反应时间的下限，捕捉到常规手段无法捕捉到的转瞬即逝的形成物。这种对微观时空的开拓，对熟悉了日常尺度的我们来说是难以想象的，它也颠覆了传统意义上观察分子转化的理念。以往，人们习惯于通过连续测量反应介质来观察化学反应过程，而在连续流中进行的反应，需要我们像"倒带"一般，通过回溯时间来观测：我们要测量反应器中某个特定反应点的演变，并通过逐渐增加流量，来减少反应时间！正是因为这些令人瞠目结舌的特性，微流体芯片或可在未来成为当之无愧的微型"化学工厂"（图 5.7.3）。

3 功能"创造"器官

现在，让我们再来领略一个化学、物理和生物的联动领域，在这里，微流体技术依然让人叹为观止。这个领域被称为芯片器官，它的主要使命是在微流体芯片内再造微型器官。准确地说，它力图在微流体系统里重建一个生物器官的各种特性，比如它的 3D 结构、组成器官的不同细胞类型，以及不同细胞所承受的物理力。利用微流体技术，人们可以精细地调控器官的生化、生物以及物理微环境，甚至可精准到微米尺度。当然，人们不免好奇，在体外重建这些微型器官（肝、肠、肺等），甚至想把它们集合在一块芯片上打造出一个完整的"人"（图 5.7.4），究竟有什么意义。事实上，了解一个器官的组成可以更好地了解它在各种生理情况下（如患病时）的功能。除此之外，制药业则看好该领域在筛选活性成分方面的重大价值，因为它们能更好地模拟细胞培养物所处的体内环境，这样人类可以最大限度地减少动物实验。想象一下，这个"芯片中的患者"可替代我们来接受各种个性化治疗方案的测试，从而找到最佳的治疗途径，那该多好！在肿瘤学领域，这已不再是天方夜谭，诸多研究和临床试验团队都在利用该技术重建肿瘤生态系统。他们研制出的装置被称为"芯片上的肿瘤"，在未来，它们将会由患者的细胞组成，人们可以观察并预测它们对不同疗法，尤其是免疫疗法的反应。这一切都将颠覆传统的癌症治疗手段。

综上所述，微流体技术为人类提供了诸多大开眼界的新应用，从对物质进行分子尺度上的精细操控，到机动性极高的"迷你化学工厂"，再到造福众人的人体器官模拟，这些成果无不是在告诉我们，也许有一天，蚍蜉真的能够撼动大树！

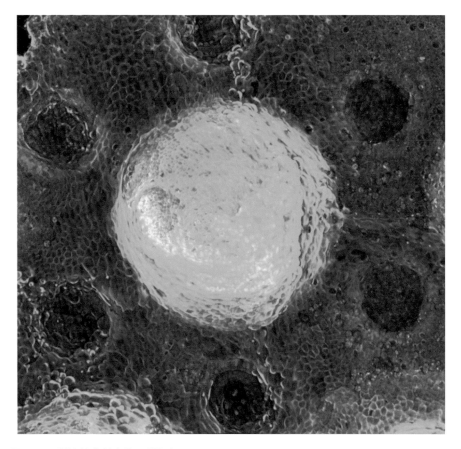

图 5.7.4 微流体芯片上的肠道组织

参考文献

1. Siria A., Bocquet M.-L., Bocquet L., «New avenues for the large scale harvesting of blue energy», *Nature Reviews Chemistry*, 2017, 1: 0091.

2. Leng J., Salmon J.B., «Microfluidic crystallization», *Lab Chip*, 2009, 9: 24–34.

3. Shembekar N., Chaipan C., Utharala R., Merten C.A., *Lab Chip*, 2016, 16: 1314–1331.

4. Kim H., Min K.-I., Inoue K., Im D.J., Kim D.-P., Yoshida J., «Submillisecond

organic synthesis: outpacing fries rearrangement through microfluidic rapid mixing», *Science*, 2016, 352 (6286): 691–694.

5. Picard B., Gouilleux B., Lebleu T., Maddaluno J., Chataigner I., Penhoat M., Felpin F.–X., Giraudeau P., Legros J., «Oxidative neutralization of mustard–gas simulants in an on–board flow device with in–line NMR monitoring», *Angew. Chem. Int. Ed.*, 2017, 56 (26): 7568–7572.

6. Bhatia S.N., Ingber D.E., «Microfluidic organs–on–chips», *Nature Biotech*, 2014, 32: 760–772.

7. Nguyen M., De Ninno A., Mencattini A., Mermet–Meillon F., Fornabaio G., Evans S.S., Cossutta M., Khira Y., Han W., Sirven P., Pelon F., Di Giuseppe D., Bertani F.R., Gerardino A., Yamada A., Descroix S., Soumelis V., Mechta–Grigoriou F., Zalcman G., Camonis J., Martinelli E., Businaro L., Parrini M.C., «Dissecting effects of anti–cancer drugs and cancer–associated fibroblasts by on–chip reconstitution of immunocompetent tumor microenvironments», *Cell Rep.*, 2018, 25(13):3884–3893.e3.

（斯蒂凡妮·德克鲁瓦　让－巴蒂斯特·萨尔蒙　朱利安·勒格罗）

化学信息学造福未来制药业

意外的发现只青睐有准备的头脑。

——巴斯德

　　目前，全球有上亿人正在经受慢性疼痛的折磨，这类疼痛的持续时间往往长达 3 个月以上。他们不得不独自面对这一切，且没有什么快速治愈的希望。这些难以忍受的疼痛往往是由手术后神经损伤（神经病理性疼痛）、身体外部创伤（交通事故）或疾病（如癌症、艾滋病、病毒感染）等引起的。疼痛患者常会经历类似灼烧、电击或瘙痒一般的感受，且对温度变化变得更加敏感，也就是说，一个简单的爱抚对他们而言都可能是一种折磨。疼痛也很容易导致睡眠障碍，使患者深陷"疼痛－抑郁"的恶性循环，难以自拔。关于疼痛的最大谜团是其一旦发作会持续很久，哪怕是最终不得不截肢的患者也会在截肢后产生所谓的幻肢疼痛。

　　虽然我们有对乙酰氨基酚和吗啡等抗剧烈疼痛药物，但对于慢性疼痛，我们的治疗大多依靠过往经验（抗抑郁或抗癫痫药物），这治标不治本，且对几乎一半的病例都没有什么成效。

　　不难想象，慢性疼痛会给患者带来什么样的伤害：好一点的情况是不得不远程工作（约占 60%），最糟糕的则会直接导致失业（13% 的病例）。目前看来，慢性疼痛带来的经济损失（治疗、住院、病假）要远高于癌症和心血管疾病：这种慢性弥漫性疾病已成为一个重大社会问题。

　　想要有效地治疗疼痛，就必须先破译引起疼痛的生物化学机制，并了解疼痛持续存在的原因。最近，由于确定了一种叫 FLT3 的受体及其关键作用，疼痛研究终于取得了重大突破。研究表明，神经损伤后，血细胞会侵入损伤处的神经,释放出一种名为 FL 的蛋白质,这种蛋白质对神经本没有什么影响;如果它不巧地激活了 FLT3 受体,就如同打开了潘多拉魔盒,慢性疼痛的恶性循环就此开启。然而,有趣的是,当实验室小鼠体内 FLT3 受体被抑制后,神经病理性疼痛也消失了。这激发了科学家寻找一种能抑制 FLT3 受体的小分子的热情。

最终,来自斯特拉斯堡的一群化学家利用新型"化学信息学",一种将化学与信息科学结合的技术,找到了这样一种分子。一个能够识别其目标蛋白质的分子,就好比一把钥匙,可以打开或关闭某扇对应的门(图 5.8.1)。

图 5.8.1 以"钥匙和锁"的关系类比候选药物(黄色棒状物)识别蛋白质(绿色表面)的过程:药物分子就像一把钥匙,能完美地容纳在蛋白质上将其锁住,防止其被激活

因此,为了找到正确的密钥,有两条道路可供选择:第一,化学家要像锁匠一般,通过不断地调整迭代,一步步设计出理想的钥匙(分子)。制药业的经验告诉我们,往往得设计和合成约 10 000 种分子,才能得到一种临床上可行的方案。这样的成本对于研究人员,尤其是学术研究人员来说过于高昂。因此,实验室开辟了第二条也是非常先锋的一条道路:虚拟筛选。也就是说,这群化学"开锁匠"将通过虚拟程序,系统地检测现有钥匙,直至筛选出一个即便不完美但至少能关闭"FLT3 大门"的钥匙。这就需要通过计算来模拟目

标蛋白与上百万分子间的相互作用。这项工作最终在 CNRS 下属的法国核物理与粒子物理研究所（IN2P3）计算机中心展开并完成。一群化学信息学家借助一台超级计算机（图 5.8.2），在短短数天内，测试了 300 万个商业上可行的"分子锁钥对"。

图 5.8.2　法国核物理与粒子物理研究所计算机中心的超级计算机

　　最终，80 个分子通过了筛选，其中有 5 个在试管中显示出了抑制 FLT3 受体的能力。在这 5 支"潜力股"中，有一种名叫 BDT001 的分子最有希望，因为它在形状上与 FLT3 的 3D 结构互补。尽管在 FLT3 这种大蛋白质面前，BDT001 体积显得很渺小，但这不影响 BDT001 对其选择性结合的蛋白质的表面进行足够的修饰，从而阻止该蛋白质被其天然激活剂激活（图 5.8.3）。

　　该建模方法在随后的动物实验中得到了充分验证。BDT001 分子能够在一次给药后的 48 小时内完全抑制神经病理性疼痛。虽然它还不够完美，无法直接在人体中进行测试，但它的确为未来优化疼痛治疗奠定了基础。

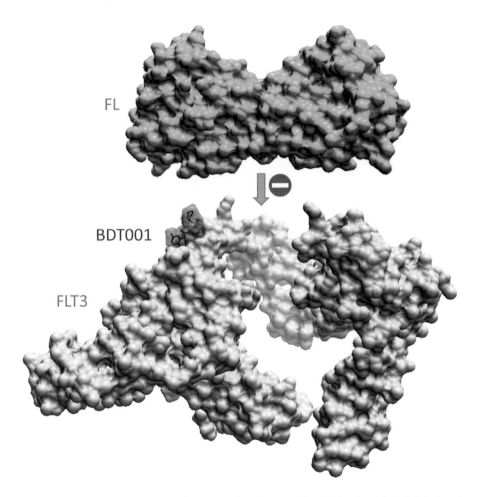

图 5.8.3　候选药物分子 BDT001（红色表面）形成一个凸起，防止目标蛋白质（蓝色表面）被其天然激活剂激活

　　当然了，这一切距离真正开发出一款可投放市场的药物还有漫长而曲折的道路要走，但理论化学在其中所发挥的重大作用，为从实验假说迈向真正的药物研发节省了大量的资源和时间。随着人工智能的发展，未来必将涌现更先进的筛选程序，帮助人们更好地预筛选最有效的分子。

参考文献

1. Colloca L., Ludman, T., Bouhassira D., Baron R., Dickison A.H. Yarnitsky D., Freman R., Tuini A., Attal, N., Finnerup N.B., Eccleston C., Kalso E., Bennett D.L., Dworkin R.H., Raja S.N., «Neuropathic pain», *Nature reviews Disease primers*, 2017, 3: 17002.

2. Rivat C., Sar C., Mechali I., Dioufoulet L., Leyris J.P., Sonrier C., Philipson Y., Lucas O., Maille S., Haton H., Venteo S., Mezghrani A., Joly W., Mion J., Schmitt M., Pattyn A., Marmigere F., Sokoloff P., Carroll P., Rognan D., Valmier J. (2018), «Inhibition of neuronal FLT3 receptor tyrosine kinase alleviates peripheral neuropathic pain in mice», *Nature Communication*, 2018, 9: 1042.

（迪迪埃·罗尼昂）

修复骨骼，且看 3D 打印

房屋毁可再重建，面容毁则难复原！

——让·德·拉封丹（Jean de La Fontaine）

  三维（3D）打印技术最早出现在 20 世纪 90 年代初期，又被称作"增材制造"，能够帮助人们快速地生产定制零件。最初，这项技术主要应用于样品和原型的生产，所以也被叫作快速原型技术，其基本原理是通过"做加法"似的层叠材料来制造零件，不同于传统"减材"制造工艺中通过去除材料来塑型的减法逻辑。

  增材制造技术极大地依赖于数字化生产链。所有的操作，从零件的计算机辅助设计建模（CAD）到生产机器的操控，都是在数字软件工具的调控下完成的。因此，增材制造技术是未来工厂生产的一个核心要素，势必引发一场新的工业革命。目前，它也正从最初的原型生产技术快速拓展为真正的工业生产工具，可广泛应用于各种材料，包括聚合物、金属、陶瓷和混合材料等。

  其中，陶瓷增材制造技术较为丰富，例如立体光刻技术（SLA），也就是对悬浮于液态光固化树脂中的陶瓷颗粒进行光聚合。这项技术利用一束由从镜驱动的紫外线激光，通过光聚合方式，层层浇筑固化，形成最终部件。光聚合确保了层与层之间的黏合。这项独特工艺让人们得以直接制造出具有复杂结构、高精度、表面状态佳且性能不输传统制造的致密陶瓷零件。通过立体光刻技术生产陶瓷零件的技术目前已被广泛地应用于航空航天、生物医药、汽车和奢侈品制造等众多生产加工领域。

  为了方便后期数字化工具处理以及为生产做好准备，先要对待制造物体的 3D 表面进行面片描述（将 3D 表面用三角小平面的形式表达），包括：定位零件在机器中的位置方向,创建支撑结构以及制作图像变形等(图 5.9.1)。随后,数字化模型将被分解成一系列薄层,对应待生产部件的不同层次。最后,对每个层次的固化路径进行计算。扫描阶段完成之后,立体光刻仪将根据预先设定的参数,依照数字模型逐层对零件进行最终的物理加工。"打印"出的成品还将接受一系列特定的后续处理:清洗,去除有机物质(脱脂),通过烧结实现固化和致密化。烧结通常在高温下进行,能让陶瓷颗粒彼此结合,吸收全部或部分的孔隙,这会导致一定的尺寸收缩。因此在初期 CAD 建模时,需要提前考虑约 10%—20% 的尺寸收缩。

(1)CAD建模　(2)制作失真面片　(3)面片定位　(4)制作支撑结构
　　　　　　　　　(图像变形)

(5)模型分解　(6)计算每个层次　(7)操作机器,层　(8)生成原始　(9)烧结后
　　(计算层次)　　的固化路径　　　层物理加工　　　部件　　　　的部件

图 5.9.1　立体光刻陶瓷零件的制造全过程

　　用于立体光刻的光敏陶瓷材料通常由以下成分构成:(微米级别的)陶瓷颗粒,一般由选定的陶瓷材料决定;单体和/或低聚物(通常来自丙烯酸酯家族),在聚合之后形成聚合物骨架,能够给初成型的部件("生部件")提供初始坚固性;光引发剂,可以通过紫外线光照射生成自由基继而引发聚合反应;分散剂(通常是聚合物,例如磷酸酯,具有电荷效应和空间位阻效应),用于制

备高浓度（大于 50 vol%）且稳定均匀的陶瓷颗粒悬浮液。

单体 / 低聚物的具体选择则由以下不同的参数决定。

首先是系统对紫外线的光反应参数（UV 辐射系统的反应性参数）：启动聚合过程所需的最低光能量必须尽量小（即具有高反应系统），而紫外线光束的穿透系数必须足够高。材料中体积占比超过 50% 的微米级陶瓷颗粒会引发多次散射现象，因此，必须能够在克服散射影响的同时完成足够厚度的层的聚合。

其次是流变学参数的考量：也就是有机介质的黏度（η）必须低，才能实现 50% 以上的体积荷载。这一参数直接取决于单体或低聚合物的特性。尽管低聚物的黏度都相对较高，但其官能团的反应位（即可以形成化学键的反应位点数量）大于 3 个，聚合后可以产生短链 3D 网络，这种三维网络结构为初始零件提供了高分辨率，并赋予其所需的机械性能，便于后续的操纵和处理。单体的官能度一般为 1 或 2（即具有 1 或 2 个反应位），黏度较低（小于等于 20 毫米帕），可增加悬浮液的浓度，例如 HDDA（1,6-己二醇二丙烯酸酯）就是一种常用的单体，可用作反应稀释剂。此外，添加单体有助于在聚合过程中促进反应物质的移动，从而提高介质的反应性。

最后是光敏材料的几何特征和力学特性：聚合后零件的平整度、力学性能和分辨率都取决于使用的低聚物 / 单体的性质，其中包括官能度、链长、交联后的网络密度，等等。

实时红外光谱（RTIR）技术则可帮助我们追踪聚合反应的进展，即通过追踪单体 / 低聚物中官能团在紫外线照射下的数量变化，及时了解聚合反应动态和初始悬浮液的转化度。例如，HDDA 中双键 C＝C 的消失，可以作为聚合物反应进展的指标之一。转化度则可由单体 / 低聚物转化为聚合物的比例来确定。聚合速率则可以被视为单体 / 低聚物随时间的消耗速率。

随着人们生活质量的提高和人口老龄化的加剧，对合成材料的需求大幅增长，以修复或替换由疾病或意外造成的组织损伤。其中有一种生物陶瓷材料叫羟基磷灰石（HAP），其化学成分 $Ca_{10}(PO_4)_6(OH)_2$ 非常接近骨质矿物质

（$Ca_{8,3}(PO_4)_{4,3}(CO_3, HPO_4)_{1,7}(CO_3, OH)_{0,3}$）。这种相似性决定了该材料具有生物活性和骨导性，也就是说，细胞可以在其表面直接附着和繁殖，以促进骨骼再生。想要合成 HAP，则需要使用钙和磷酸盐的前体物质作为反应物，以水为介质在温和条件下进行沉淀反应：

$$10\ Ca^{2+} + 6\ PO_4^{3-} + 2\ OH^- \rightarrow Ca_{10}(PO_4)_6(OH)_2$$

基于光固化陶瓷材料的增量制造术为医疗领域提供了很多崭新的可能性，其中最好的例证之一就是法国 3DCeram 公司制造的陶瓷植入物。图 5.9.2 展示了一种颅颜面重建手术植入物，它是根据患者头面部扫描文件"打印"成型的，与患者的头部形态完美贴合，并在利摩日大学医学院被植入患者颅内。

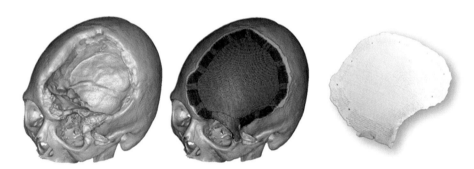

图 5.9.2　一个头骨陶瓷植入物，该植入物由 3DCeram 公司利用光固化陶瓷制造技术根据患者头部扫描文件生成的数字模型打造而成，并由利摩日大学医学院植入患者颅内

（蒂埃里·沙尔捷　樊尚·帕特卢）

6

身边的化学

图 6.0　油滴

葡萄美酒"炼金术"

葡萄酒是最不忠的伴侣。

它拥你深入辉煌的宫殿,又弃你于荒野溪边。

——杰拉尔·德·奈瓦尔(Gérard de Nerval)

葡萄酒与炼金术,这两个看似风马牛不相及的名词,却实实在在地折射了葡萄酒悠久的历史,以及它给人类感官带来的美妙体验。葡萄酒是人类文明中不可或缺的一部分,拥有几千年的历史沉淀。然而,在很长一段时间里,葡萄酒的酿造过程都是一个谜团,如同炼金术一般,是一种未被彻底破解和掌握的工艺,妙不可"言"。正因如此,它演变成了集体想象中的一个符号。埃及人膜拜他们的酒神奥西里斯(Osiris),希腊人歌颂狄俄尼索斯(Dionysus),罗马人的酒神则是巴克斯(Baccus)。柏拉图(Plato)的《会饮篇》(*The Symposium*)或名画《迦拿的婚礼》(*Les Noces de Cana*)中,无不洋溢着葡萄酒的馥郁芬芳。拉伯雷(François Rabelais)、阿波利奈尔(Guillaume Apollinaire)、兰波(Arthur Rimbaud)等文豪也不吝言辞,纷纷在各自的作品中为葡萄酒送上赞歌。最近,甚至还诞生了"法国悖论"这样一个概念,试图阐明为何地中海地区的居民对心血管疾病有较好的抵抗力。人们认为这主要归功于当地居民常常饮用葡萄酒,而葡萄酒中富含多酚(对心血管具有保护作用)。直到一个多世纪前,人们才逐渐洞悉酿酒过程中各种分子的作用与转化,以及品酒时这些分子是如何与人类的味蕾相互碰撞的。当然,葡萄酒首先是葡萄种植的艺术,只有优秀的葡萄种植者才能培育出高质量的酿酒葡萄。不过本文中,我们暂且不探究葡萄种植的过程,而是要领略酿酒过程中的各种物理–化学变化,去探索品酒时,我们的感官究竟经历了什么。

图 6.1.1　从双耳尖底瓮到玻璃酒瓶，葡萄
酒的贮藏经历了数个世纪的优化与改进

1 葡萄酒小史

　　考古学家曾挖掘出一些 6 000 年前的罐子，并在其内壁成分中发现了酒石酸和单宁。也就是说，那时的南高加索人已经知道如何酿酒了。古埃及初代法老下葬时，也总喜欢带上数百个双耳尖底瓮作为陪葬，里面装满了美酒（图 6.1.1）。高卢人则喜欢饮纯葡萄酒，早在公元初年，他们就学会了根据当地土壤改良罗马人带来的葡萄秧苗：当时的波尔多一带广泛种植了名为 *Vitis biturica* 的葡萄，它是如今赤霞珠葡萄的祖先；在勃艮第种植的则是 *Vitis allobrogica* 葡萄，它是黑比诺、西拉和霞多丽葡萄的鼻祖。在很长一段时间里，葡萄酒的酿造都较为随意，且葡萄酒的保质期一般都十分短暂，除非特意添加一些诸如树脂或香料之类的添加剂。这为葡萄酒的商业化销售带来很大的困难。就拿 15 世纪英国宫廷里十分盛行的"claret"（红葡萄酒）*来说，事实上，早在 14 世纪初，波尔多的葡萄园就开始往欧洲北部以及英国出口葡萄酒了。

---

　　* 特指中世纪开始在英王宫廷里流行开的一种颜色较浅的波尔多葡萄酒，滋味较为寡淡，与现代波尔多红酒大相径庭。——译者

这是一种新酒（vin primeur）*，必须在当年饮用，其稳定性较低，在运输过程中就容易发生变质。不久之后，在拿破仑三世的推动下，巴斯德于 1866 年发现了酵母在酒精发酵中的作用，才让生产经得起运输考验且具有陈年潜力的葡萄酒成为可能。再之后，玻璃瓶和半透气软木塞的发明也大大改善了葡萄酒的陈酿和贮藏条件。

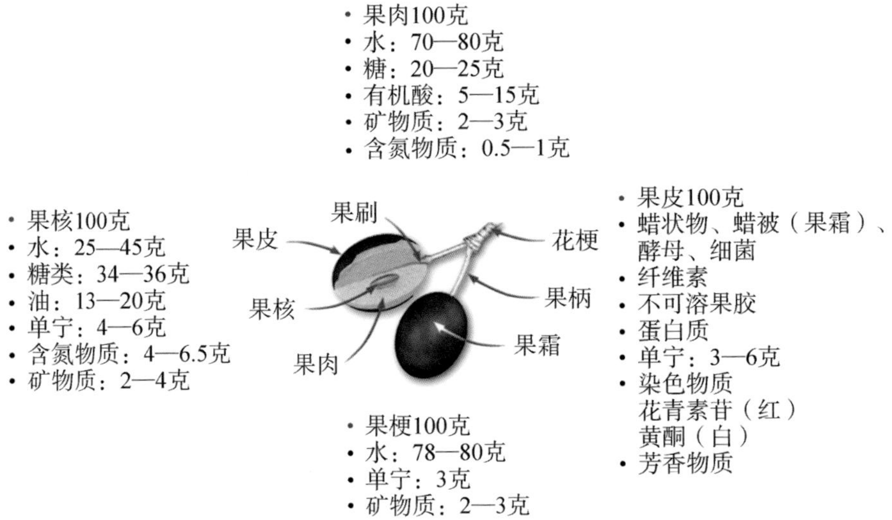

- 果肉100克
- 水：70—80克
- 糖：20—25克
- 有机酸：5—15克
- 矿物质：2—3克
- 含氮物质：0.5—1克

- 果核100克
- 水：25—45克
- 糖类：34—36克
- 油：13—20克
- 单宁：4—6克
- 含氮物质：4—6.5克
- 矿物质：2—4克

果刷　果皮　花梗　果柄　果核　果肉　果霜

- 果皮100克
- 蜡状物、蜡被（果霜）、酵母、细菌
- 纤维素
- 不可溶果胶
- 蛋白质
- 单宁：3—6克
- 染色物质
  花青素苷（红）
  黄酮（白）
- 芳香物质

- 果梗100克
- 水：78—80克
- 单宁：3克
- 矿物质：2—3克

图 6.1.2　葡萄内所含主要化合物一览表

2 酿酒：温和的化学

一串葡萄里实际上已经拥有了酿造天然葡萄酒所需要的所有元素（图 6.1.2）。它含有 1 000 多种已知化合物，其中一些占比很高，如糖、水、有机

---

* 法语中，vin primeur 是一个葡萄酒常用术语，指"新酒"，它是一种可以在收获年份出售的葡萄酒，与陈酿葡萄酒区别。——译者

酸、给葡萄酒染色的多酚，以及促进葡萄酒发酵的酵母和细菌等。葡萄酒酿造的基础，则是一系列结合了化学和物理过程的操作。

　　葡萄采摘之后就到了浸渍工序，也就是通过固液萃取，从果皮与果核中提取花青素和单宁。浆果果皮表面的天然酵母菌会诱导所谓的酒精发酵，这是一种将糖转化为乙醇和二氧化碳的放热反应。一旦乙醇体积分数达到 15%，该反应通常会自然停止，因为这个浓度已达到了酵母的致死量，如此酿造出来的葡萄酒会微酸。直到 1913 年，人们才发现，乳酸菌可以将苹果酸（带有苹果味道）转化为乳酸（带有乳制品的味道）。因此，人们可通过降低葡萄酒酸度，利用苹果酸 - 乳酸的这种发酵使酒体变甜，赋予葡萄酒更好的贮藏性。

　　在这里，我们暂不赘述调配的过程，这是一套很精细的操作，即便它看上去"只需"将不同葡萄品种单独发酵，再将获得的新酒按一定比例混合起来。接下来的环节，便是澄清。在过去，这一工序是通过从酒桶顶部加入打发的蛋清来实现的。沉淀过程中这些蛋清会带走许多与鸡蛋蛋白质亲和性较强的分子，如单宁。在波尔多地区，剩余的蛋黄就会被拿去制作著名的甜点"可露丽"。最后，葡萄酒将在橡木桶中经历数月的陈酿，以促进酒体与木头中的单宁，也就是鞣花单宁的结合，后者也经历了固液萃取的过程。这些单宁与花青素结合，产生聚合色素，继而改变酒体的颜色与味道。简而言之，葡萄酒不过就是 85% 的水，12% 的乙醇，少许多酚，有时还有点糖，当然还有几百种其他分子，但含量极少……

3　葡萄酒与风味：物理与化学的交响

　　品尝葡萄酒时，除了常见的 5 种味觉（咸、甜、苦、酸和鲜），还要加上一种口中干涩的感觉，这种感觉也被称为收敛（astringence）口感。它们往往都是葡萄酒中的分子、唾液里的蛋白质和包裹在上颚与舌头脂质膜中的上百种受体（膜蛋白），在复杂的物理 - 化学相互作用下产生的。这些不同的感知被

255

大脑混杂在一起，产生了不适或愉悦的感觉。不过，当你"一边大口喝酒一边大口吃肉（脂肪）"之时，事情就复杂多了。

在这些复杂的感受中，最容易理解的是收敛口感。多酚与单宁会对某些蛋白质有强亲和力，而这些蛋白质恰恰是一种可润滑味觉的唾液蛋白，即富含脯氨酸的蛋白质（PRP）。口中的多酚和单宁达到一定浓度时，两者会结合形成一种胶体纳米颗粒，并以一种非特异性方式（分子间力）捕获PRP。随后它们将以一种毫米大小的聚集体形式沉淀在口中，颚部的润滑会短暂消失，继而感到口中干涩，也就是"收敛"（图6.1.3右路）。不过，随着唾液再度产生，润滑会在几分钟之内恢复。令人吃惊的是，某些单宁可与PRP特异性结合（氢键），形成一种非常小的纳米复合物，给人以一种柔软顺滑的感觉，也就是品酒师常说的"丝绒感"（图6.1.3左路）。同时，单宁对食物中的脂质或覆盖口腔及舌头的膜有很强亲和力，一种奇妙的效果随之诞生，即"奶酪

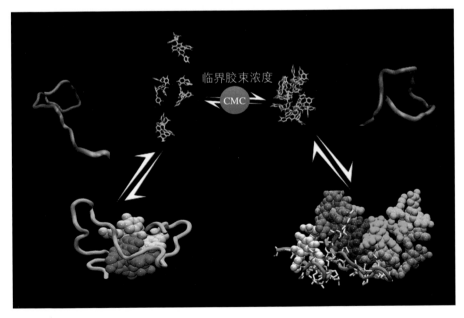

图6.1.3　从分子角度解析"收敛"口感：右路，胶体鞣质（高于临界胶束浓度的聚集体）捕获唾液中有润滑口腔作用的唾液蛋白；左路，纳米复合物在口腔中产生"天鹅绒"般的感觉

效应"：一款被认为很"涩"的葡萄酒，在食用了脂肪后饮用，反而会感觉更"软"（口中干燥度降低）。这是因为口中单宁和脂质相互竞争，导致单宁与PRP 的结合较少。

　　当然，我们还远没有弄清葡萄酒带来的丰富感官体验背后到底蕴含了哪些物理与化学原理。重重迷影里的第一个疑问便是"我们为什么想喝酒？"。是乙醇作用在突触连接点上，让人情难自已，解放天性，还是单宁与受体及唾液的交织，对撞出奇妙的感官体验，让人"飘飘欲仙"？这些谜团，就留给物理化学家和无数葡萄酒爱好者去慢慢探索吧！

参考文献

1. Cala O., Dufourc E. J., Fouquet E., Manigand C., Laguerre M., Pianet I., «The colloidal state of tanins impacts the nature of their interaction with proteins: the case of salivary proline−rich protein/procyanidins binding», *Langmuir*, 2012, 28: 17410−17418.

（埃里克·迪富尔克）

软木塞的"平衡之道"

以貌取人？那无异于以瓶塞论酒。

——阿纳托尔·法郎士（Anatole France）

一直以来，软木塞都是葡萄酒瓶塞的首选。它有一定的弹性，可防水，同时还能允许一定氧气进入瓶内，这些是陈酿的必备条件。然而，美中不足的是，它有时会影响葡萄酒的风味，给葡萄酒染上一股让人不悦的"软木塞味"。"罪魁祸首"便是软木塞中存在的分子 2, 4, 6-三氯茴香醚（三氯苯甲醚），也就是我们常说的 TCA，它们会随着时间的推移慢慢扩散到酒体中，带来不悦的感官体验。因此，人们常用"有股瓶塞味"来形容这种酒。每个人对 TCA 的敏感度也有所不同。事实上，葡萄酒中只要含有极微量的 TCA 分子，我们就能检测到这种气味。

TCA 分子的形成，主要是因为微生物会和某些灭菌剂中的氯化物发生反应。因此，污染往往零散分布于软木板（软木塞原材料）的个别区域，想通过上游检测，从材料源头去除"祸端"十分困难。我们可以在软木塞清洁程序完成后，立刻使用气相色谱技术对软木塞附近的空气进行检测，通过识别含有高 TCA 水平的气体来确定污染源。虽然这种方法已在工业生产中投入使用，但每年瓶塞生产量巨大，这种技术实施起来既烦琐又昂贵。

2019 年，法国与瑞士的研究团队联手，合成了一种"荧光配位聚合物"，该复合物可以形成一种能将有机分子包裹起来的空腔。法瑞联合团队开发出的这种 MOF 材料具有蒽配位配体，因而闪闪发光，并形成大的管状空腔结构（图 6.2.1）。能与激发态的蒽发生反应的分子一旦进入上述空腔，就会大大降低材料的发光性。用于制造爆炸物的硝基芳香族分子（如 TNT）就是这样一种分子。TCA 恰巧也是。TCA（能被探测到）的阈值约为 60 纳摩尔。正是由于这极低的检测阈值，科学家有可能研发出一种基于荧光的 TCA 检测系统，将比现有方法更加高效方便地捕捉软木塞中的 TCA 位置。

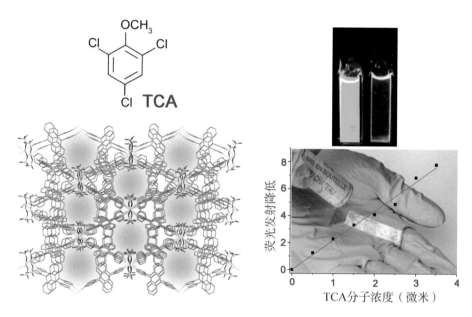

图 6.2.1 化合物 TCA 是导致葡萄酒体中含有一股"瓶塞味"的主要原因，它可以通过一种分子材料被检测出，这种材料是一种基于蒽衍生物配体的配位聚合物；TCA 可以进入材料的孔隙中（图中浅紫色部分），使材料无法发出蓝光；该系统在溶液或固体状态下都可发挥效用，并且在溶液中，其检测阈值可以低至 60 纳摩尔。

参考文献

1. Vasylevskyi S. I., Bassani D. M., Fromm K. M., «Anion–induced structural diversity of Zn and Cd coordination polymers based on Bis–9,10–(pyridine–4–yl)–anthracene, their luminescent properties, and highly efficient sensing of nitro derivatives and herbicides», *Inorg. Chem.*, 2019, 58: 5646–5653.

（达里奥·M.巴萨尼）

莱维：始于化学，终于文学

当用尽世间语言，书写人之尊严。

——西多妮 – 加布里埃勒·科莱特（Sidonie-Gabrielle Colette）

2018 年 11 月 11 日，意大利总统马塔雷拉（Sergio Mattarella）将一本珍贵的初版书籍赠予法国总理。这本书是意大利作家莱维所著的《如果这就是人》（*Se questo è un Uomo*），其中深意不言而喻。当国家内部响起一些刺耳之音时，我们尤其需要重温这位伟大作家在集中营中的可怖见证。或许，意大利总理还想要传达另一层意思，那便是重申科学求实的精神在这个充斥着碎片化与虚假信息的时代是多么重要。莱维在成为作家前，曾是一位不折不扣的科学家，20 世纪 30 年代末，莱维还在从事物理化学交叉领域的研究，这在当时实属凤毛麟角（图 6.3.1）。

在莱维最有名的作品之一《元素周期表》（*Il Sisterma Periodico*）*中，他用极富巧思

图 6.3.1 莱维

---

* 2019 年既是门捷列夫发明元素周期表的 150 周年纪念，也是莱维的百年诞辰，作家本人于 1987 年自杀身亡。

细腻精妙的笔调向我们描述了自己如何一步步成为化学博士，并迈向一段充满希望的职业生涯，而这一切又如何在 1942 年随着自己被遣送入集中营而戛然而止。书的每一章都将门捷列夫化学元素周期表中的一种元素与莱维的某段人生经历巧妙相连。例如，第一章"氩"便围绕着波河平原的犹太社区展开，他们拥有一套特殊的语言系统，混杂了意第绪语＊和当地方言，只有极少数人会说，这为年轻的莱维提供了一种无与伦比的安全感。这种安全感，就像是元素周期表最后一竖列的稀有气体一般稳固。稀有气体曾被认为不会与任何其他元素产生反应。当然这一点在后来被著名化学家巴特利特（Neil Bartelett）证伪：他在 1962 年证明了元素周期表中最具侵略性的元素（氟）与铂结合后，可以与稀有气体反应。这一发现开启了现代化学的一片新天地。

　　莱维以优异的成绩从都灵综合理工学院毕业后，本想继续读博，却正好撞上了"种族法"的大肆推行，犹太人被禁止接受高等教育。幸运的是，莱维恰好遇上了几位奉行"消极抵抗主义"的教授，他们看出了莱维身上的潜力，向他敞开了实验室的大门，让莱维自由地进行实验。其中就有著名教授蓬齐奥（Giacomo Ponzio），1941 年，正是他亲手在这位年轻博士生的毕业论文上签字署名，授予了莱维博士学位。这份用意大利文写就的论文主要研究了"瓦尔登翻转"，这是一种化学过程，可将苹果酸的两种变体进行互相转化。除了苹果酸在酿酒中的关键作用之外，该研究还涉及如何控制相同分子的不同对称状态。事实上，苹果酸分子可以是左旋的——这是它们在自然界中的合成形式，也可以是右旋的。尽管这两种分子拥有相同的原子序列，但因为其内部某些化学键的方向不同，导致了它们既不能相互重叠，也不能互为镜像（即所谓的手性）（图 6.3.2）。为了解释这种现象，莱维首先想到的就是化学键振动，他甚至还建议用电场去测试这一点，因为羟基自由基非常容易被极化。尽管莱

　　＊ 意第绪语是一种日耳曼语，大多数使用者为犹太人，该表述还可直接指代德国犹太人。——译者

维没能用实验验证这一直觉，但他的想法的确与当时该领域最先进的研究不谋而合。事实上，直到 1941 年，学界才发表了可极性化分子的相关参考文章。除了着迷于实验，莱维也耽于理论。彼时，量子力学诞生还不到 20 年，莱维便提出化学键的这种振动机制可能超出了经典力学的范畴，但在量子世界中是成立的，由此便可解释苹果酸两种构象之间的转化了。遗憾的是，随着战争打响，莱维被投入集中营，为这十分有前景的研究画下了休止符。

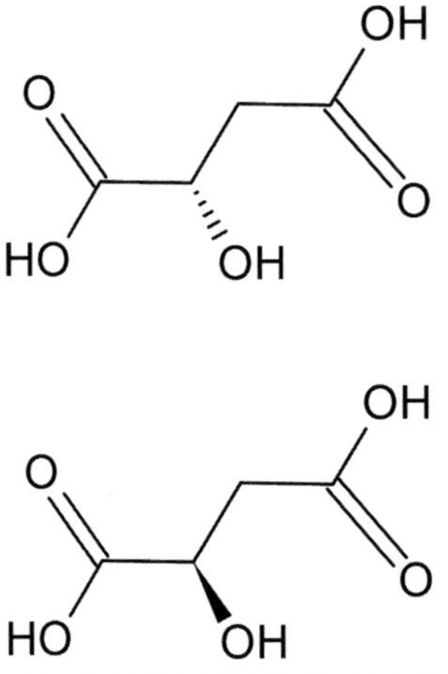

D–苹果酸（$C_4H_6O_5$）

L–苹果酸（$C_4H_6O_5$）

图 6.3.2　苹果酸的两种构象：左旋苹果酸天然存在于多种水果之中，在苹果中尤其常见，正是这种酸赋予了苹果独特的口感与风味；它也存在于梨子和葡萄汁中，使这些水果拥有了令人愉悦的香气（可不仅仅是苹果香）

1945 年秋，莱维得以从奥斯维辛集中营生还。他在自己的第二本书《休战》（*La Tregua*）里记录下了这段长达 9 个月的东欧险途。战争结束后，他将自己的化学才华奉献给了一家涂料公司，也正是在这一时期莱维开始大量写作，挥洒自己在文学上的天赋：他的文学作品中处处充斥着化学的影子。在《他人之职》（*L'Altrui Mestiere*）这本书中，有一章叫作“曾经的化学家”，莱维在里面提到了自己学习化学的经历如何助力了自己的写作生涯：

　　化学对文学的馈赠还不止于此。化学是一种深入了解的欲望，它想要了解万物的结构与组成，预知它们的行为与习性。这无不为人们带来一种"洞察力"，带来具体而简洁的思维和鞭辟入里的渴望。化学是分割、权衡与明辨的艺术：这 3 点，对于所有想要描述事实，想为思想赋形的人来说，都不可或缺。

参考文献

1. Cole K.S., Cole R.H., «Dispersion and absorption in dielectrics», *J. Chem. Phys.*, 1941, 9: 341.

（马里奥·马廖内）

精华霜里的科学"精华"

今天，我们似乎只关切事物的外表，而漠视事物本身。
我们庆祝的，仿佛是化妆品的胜利。

——罗伯特·莱福德（Robert Redford）

　　人类自古以来就热衷于美容护肤：化妆、提亮、洁肤、熏香，样样不落。早在约 3 000 年前，埃及第一王朝的男男女女就开始大量使用化妆品了。古代的化妆品多取材于自然，凭经验炮制，经常一不小心就混入了些许有毒物质。随着代代积累，口耳相授，在之后的几个世纪中，化妆品的功效和安全性不断提高。如今，根据欧盟 2009 年 11 月 30 日颁布的化妆品第 1223/2009/CE 号条例（第 2.1.a 条），化妆品是一种总称，指代那些"与人体表面（皮肤、毛发系统、嘴唇、指甲和外生殖器）、牙齿或口腔黏膜接触作用的任何物质或混合物，其主要作用是清洁、带上香味、改变外观，保护体表，使其保持良好状态或纠正体味"。根据条例，化妆品可被划分为不同类别，如护肤品（保湿霜、抗皱霜、润唇膏等），化妆品，个人卫生护理产品（肥皂、洗发水、牙膏等），防晒产品或护发产品，香水及古龙水等。

　　如今，整个化妆品产业越来越依赖科学的发展，需要化学家、物理学家和生物学家乃至社会学家的共同努力。在这样一个推崇安全天然无公害的时代，化妆品一直是科学创新的前沿阵地，它不仅要提高功效、保护使用者的安全，还须尽量做到环保。

　　化妆品中有一种大名鼎鼎的成分叫透明质酸。它功效卓著，在保湿、修复疤痕、抗氧化和抗衰老方面的特性已无须赘述（图 6.4.1）。它实际上是一种糖的聚合物，最早是从公鸡鸡冠中提取出来的。随着市场需求的与日俱增，以及

图 6.4.1　用于制造透明质酸的发酵罐

这种生产方式所伴随的道德与健康安全问题，人们逐渐抛弃了传统生产方法转而寻求更为绿色环保的生产途径。这就要提到一种生物技术工艺。目前，人们可以利用微生物对小麦进行发酵来获取天然透明质酸。这样一来，透明质酸的生产就可以从动物源转向植物源，在确保天然获取的同时也不含动物残留。同样的技术现在还可用于制药，如利用改良的酵母来生产药物。

图 6.4.2 石莼，又称"海莴苣"，是一种多细胞绿藻植物，主要成分为石莼聚糖，该生物是"绿潮"现象的罪魁祸首；法国罗斯科夫生物站的研究人员与德国和奥地利的科学家一起，发现了一种海洋细菌，它的酶系统能将石莼分解，使其转化为能量来源，或是在化妆品及食品工业中具有重要作用的各种分子

海洋丰富的生物多样性也为化妆品研发带来了诸多创新灵感，其中很多成果已经投入商业化生产。海洋资源的开发和生产则在很大程度上依赖所谓"绿色化学"的发展。这些资源之所以诱人，是因为海洋活性成分能很好地被人类皮肤吸收。海床附近的海水往往富含微量元素，经纯化和脱盐后，可用于化妆品配方，促进皮肤细胞再生。当然，海底的宝藏远不止于此。某些海洋微

生物可以产生胞外多糖（EPS）等糖类，亦具有再生特性。此外，一些海藻也有亲肤性，可以帮助肌肤抗衰老。石莼（*Ulva lactuca*）是一种沿法国海岸线生长的天然可食用藻类（图6.4.2），其含有的丰富石莼多糖，是组成细胞壁的主要糖类。2019年，研究人员开发出了利用酶降解石莼多糖的技术，可将其转化为化妆品中所需的有效分子。

我们谈到了化学创新如何挖掘新成分以及生物科技创新如何革新生产过程，下面让我们谈谈化妆品配方的创新。以面霜为例，大部分面霜本质上就是水和油的混合物。制备这样的水油混合物并往里掺入活性成分其实是很大的技术挑战（图6.4.3）。它必须能保证长时间的稳定性（水和油混合成稳定乳液状），且无毒、无致敏性，膏体是无色或浅色的，以免留下痕迹，同时没有气味或具有令人愉悦的香气。更重要的是，它必须有效。因此，这种乳液在其制备过程中必须添加表面活性分子，以保证长期稳定性。化妆品中添加的表面活性剂通常是化学合成的，因其致敏、致癌或者影响环境等特性而越来越遭人诟病。怎么办呢？科学家正集思广益，其中一些方案有望在不久之后就投放市场。例如，相比于传统的表面活性剂，科学家这次采用颗粒来稳定乳液，这些被称为"皮克林"的乳剂往往会选取毒性较小的固体微粒（黏土、纤维素、可生物降解且具生物可溶性的聚合物以及植物粉末等），因此更加环保且有利于人体健康。进一步优化后的乳剂可以响应外部的刺激，例如可以根据皮肤pH和温度的变化而变化，从而精准控制化妆品中有效成分的释放。

现在我们要做的，就是把这些护肤品涂抹到肌肤之上，静待其起效即可，而成分想要起作用，还有最后一道屏障需要突破，那就是皮肤表面的微生物群——一个有着数万亿个细菌病毒的群落。这个天然活屏障与人的机体共生，保护我们不受外界侵害。正常状态下，它很有可能会改变或转化涂抹的化妆品成分；菌群一旦失调，则有可能导致疾病（如痤疮或特应性皮炎）。化妆品和护肤品不仅不能扰乱这些微生物菌群，最好还能帮助调节菌群平衡，以促进肌肤再生。这一点则可通过往配方中加入益生菌和益生元来实现。由此可见，

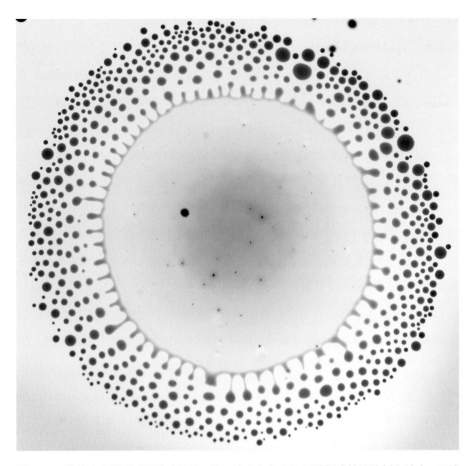

图 6.4.3 乳液中自发形成无数小液滴，将一滴由有色水和乙醇组成的液滴倒入油中，乙醇率先从较薄的水滴边缘蒸发，促使液滴中心的液体排向边缘，液滴边缘的珠状物凸起最终变得不稳定，不断释放出小液滴

提高生物学知识储备，深入了解皮肤微生物群，有助于在未来提高化妆品的功效和安全性。若加以巧妙使用，微生物群的每一个细菌都可以是一个小小化工厂，能为每个人量身打造个性化的化妆品活性成分，做到适量精准地投放。

好了，是时候甩掉老祖宗那一套"花里胡哨"的胭脂粉末，去拥抱 21 世纪化妆品工业技术的大革新了。

参考文献

1. Nardello-Rataj V., Bonté F., «Chimie et cosmétiques – une longue histoire d'innovations», *L'Actualité chimique*, octobre-novembre 2008, N° 323–324: 10–12.

2. Huang N., Albert C., Beladjine M., Agnely F. (2019), «Émulsions de Pickering», in *Conception des Produits Cosmétiques – Formulations Innovantes*, Faivre V. (coord.), Cosmetic Valley Editions, 2019.

（尼古拉·黄　理查尔·达尼埃卢）

聚合物：
大自然的模仿大师

所谓至臻完美，

便是看似易于模仿，却永远无法真正取代。

——昆蒂利安（Quintilianus）

　　几千年来，人们在日常生活中有意无意地运用了很多天然高分子材料（如木材纤维素、树胶、乳胶等），而"高分子"这一概念的真正提出要等到 1920 年，施陶丁格（Hermann Staudinger）在那一年将高分子定义为"组成聚合物的大型分子链"。一些常见的聚合物，即所谓的合成物，在 19 世纪末到 20 世纪初经历了惊人的发展。通过小分子，即一种被称为单体的基本元素结构之间的相互作用，化学家制备了第一批聚合物链，如 1865 年面世的醋酸纤维素，由醋酸酐和纤维素反应合成，宣告了第一批摄影胶片的诞生（柯达公司专利，1888 年）；1935 年杜邦公司生产出了聚酰胺；而早前的 1929 年，尼龙的研制从此开辟了聚酯纺织品的道路（1946 年，PET 面世）；至于合成弹性体（合成橡胶）的诞生，则要归功于齐格勒（Karl Ziegler）和纳塔（Giulio Natta），他们在 1953 年发现了被称为立体定向催化剂的新型催化剂，让合成聚烯烃（聚乙烯、聚丙烯）成为可能。这样的案例不胜枚举。合成聚合物的世界丰富多彩到让人眼花缭乱，它们中的很多如今已成为人类生产生活的必需品。

　　大自然鬼斧神工般地合成了诸多高分子或聚合物，它们往往具有强吸附力、超疏水性、自修复力等神奇功效。正因如此，化学家才醉心于打造类似的新高分子结构，希望能够复制这些优异的特性。这便有了我们常常听人讨论的"仿生学"或"生物灵感"。本文中，我们将着重介绍两种现象：黏附（及反黏附）和自我修复。

说到自然界中的黏附现象，我们不免会想到一种非常奇异的生物：壁虎。这种奇特蜥蜴擅长飞檐走壁，可以在任何表面上移动，哪怕是垂直墙面或悬挑屋顶也不在话下。这种惊人的黏着力，主要源自其爪子上覆盖着的数以百万计的角蛋白毛发（也称刚毛）。该蛋白质是一种由氨基酸组成的聚合物，也是人类发丝的主要组成部分，占到了发丝材料的95%。壁虎爪子上的毛发可进一步分叉成更细小的结构，在分子尺度上与依附的表面发生大量微弱且可逆的相互作用，即分子间力，正是这种相互作用保证了壁虎在移动时有足够的黏附性。化学家也有自己一套"合成物百宝箱"，囊括了聚硅氧烷（也叫硅胶或有机树脂）和聚氨酯等聚合物。它们在室温下具有弹性，表面可"打印"出不同尺度的柱状物，从几十纳米到微米不等，生动再现壁虎的"手指"。当然，化学家可不满足于一比一还原壁虎的手指，他们力图合成更加新颖的功能性聚合物，其黏附性可受外部参数，如温度、湿度、pH或紫外线辐射等变化的影响。为此，化学家用到了一种被称为嵌段共聚物的特殊高分子，该共聚物一般由不同单体的几个序列或"嵌段"组成。聚合化学的发展，尤其是可控自由基聚合领域的不断进步，让高分子结构设计达到了前所未有的精度。这些嵌段聚合物通过将相同的链段部分地组合在一起而自发地自组装，形成了十分有趣的纳米结构，例如复刻壁虎手指。不仅如此，合成化学还可以合成这样一种聚合物，其链段中含有的某些单体单元聚合物，在化学性质上可与天然化合物相同或相仿。也就是说，科学家可将生物分子嵌入聚合物中。举个例子，在高分子中插入一种单体，譬如多巴胺这种可与合成单体结合的生物化学分子，我们便可从分子尺度上复刻海洋贻贝类生物所具有的极强黏附性（图6.5.1）。得益于合成技术的发展，以及人类对贻贝或壁虎这类生物物理行为特点的深入观察，科学家逐步制备出了适用于多种表面的强附着力涂层，例如在浸没条件或 / 和生物介质（如牙科或外科手术）中依然有效的黏合剂。

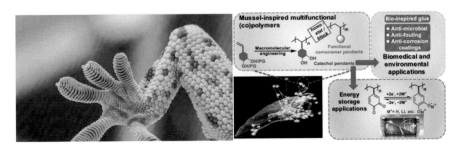

图 6.5.1　左图：壁虎的手指；右图：复刻贻贝黏附习性的仿生聚合物

　　自然界中物体表面的湿润现象也不愧为一种奇观，让许多化学家心驰神往。我们怎么能不为荷叶表面或昆虫角质层上形成的完美水滴拍案叫绝？怎么能不在那些滚动时也不会散开的水滴或黏附在玫瑰花表面的优雅露珠前啧啧称奇？这便要说到超疏水表面了。和壁虎爪子一样，这些由疏水化合物（如石蜡）组成的表面结构精密，具有不同程度的粗糙度。正因为这种疏水性，水在这些表面被排斥，就像落在了按摩地毯*上一般，不会散开，而是呈水珠状滚动。开发超疏水聚合物表面，可有效防止表面因雾气凝结而造成透明度损失、防止织物表面脏污，也可实现让流体呈液滴形式流动，这在微流体应用中具有重要意义。

　　研究聚合物的化学家还有层出不穷的奇招，其中绝大多数都建立在现有的合成工具和对高分子物理化学行为的深刻理解之上，尤其是它们之间如何相互作用以实现纳米尺度上的自发自组装。人们在 20 世纪 40 年代就研制出了聚四氟乙烯（PTFE，俗称"塑料王"），但这些有机氟化合物具有相当持久的毒性，且会在生物体内累积，科学家不得不寻找替代方案。如果在任何情况下，都能维持不同程度的粗糙度，那么化学就可以大展身手，提供诸多新方案来打造超疏水特性，有时甚至可以与超疏油特性结合，即降低表面对油的亲和性。这也就是我们所说的"两亲性"。将聚合物接枝到待改性的表面，一般有两种操作方法：一种是将反应性疏水聚合物接枝到表面（grafting-to）；另一种

---

　　* 一种表面有细密坚硬凸起，如密布了鹅卵石一般，可起到按摩刺激脚掌作用的地毯。——译者

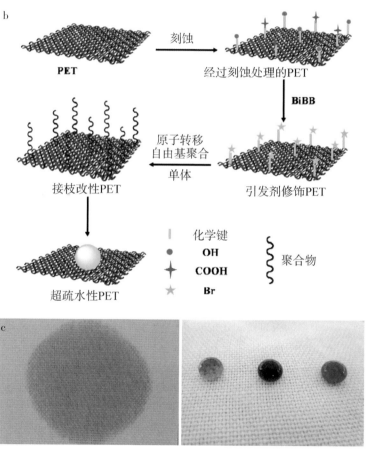

图 6.5.2 a. 湿润的莲叶表面；b. 通过可控自由基聚合，将含氟甲基丙烯酸聚合物接枝到聚酯织物上；c. 水分别打湿未经特殊处理的织物表面，以及经过接枝处理的 PET 纺织物表面

是直接在表面进行单体聚合（grafting-from，图6.5.2）。聚合化学方法再次完美控制了合成聚合物即共聚物的结构。我们可以通过丙烯酸酯或甲基丙烯酸酯类单体的可控自由基聚合，制备出可借由温度、pH或紫外线辐射来调控表面的润湿性。

　　自然界中诸多系统所具有的自我修复能力更是让聚合物化学家摩拳擦掌。理解这种能力有助于研发耐久性材料。很多时候，受过多或过度的机械应力影响，加之涂层遭受刮擦，材料容易出现细微裂纹继而损坏。所谓的自修复材料，指的便是能自主修复损伤的材料。在这方面，化学家一如既往地贡献了不少奇思妙想。例如，将单体胶囊分布在聚合物材料中。前者会在裂纹扩大时破裂，释放出其中的单体，并迅速与预先就混合在材料中的聚合催化剂产生反应（图6.5.3）。由此产生的聚合物链会进行局部填充，将裂纹和微裂纹产生的缝隙重新粘连起来。现实的案例之一就是将双环戊二烯等单体胶囊分散在结构成分材料的环氧树脂基质中。进一步的研究表明，我们还可以在聚合物中播撒含有单体的中空玻璃纤维网，类似于生物组织（如皮肤）中的血液网络（图6.5.3）。

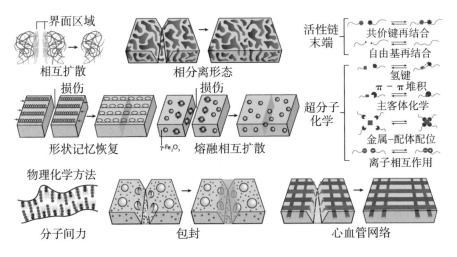

图6.5.3　目前，科学家提出的各种自修复聚合物方案

最近，研究高分子的化学家基于某些化学键的永久可逆性，提出了新的解决方案。该方案的发起者正是 1987 年诺贝尔化学奖得主莱恩（Jean-Marie Lehn）。该方案涉及一种被命名为 Dynamers（结构动态聚合物）的聚合物家族。这类聚合物中的单体通过可逆键连接，是一种动态高分子。它们可以通过组分的交换和再分布不断地调整结构。时下很热门的类玻璃化高分子（vitrimers）研究就是其中一个代表案例，该研究涉及的是动态交联这种特殊交联形式，也就是一种基于交换反应的可逆交联。

最新研究成果显示，一些结合了单体合成和原创聚合物的新型技术，让构建"超分子聚合物"成为可能。方式有二，要么由低质量的单体通过可逆的非共价作用力组装合成，要么利用同样的可逆相互作用去组合高分子链。这种情况下，自修复主要是通过其中的基团实现的；基团可以在机械力或温度变化等外部刺激的情况下破坏维持材料内部聚力的相互作用，但整个过程是可逆的，外部刺激消失时，相互作用会得以恢复。早在 20 世纪 90 年代，化学家就提出了带有可电离基团的高分子结构（离聚物），特别是应用于聚烯烃，即聚乙烯家族聚合物。这些基团内离子（如锌离子）进行的可逆交联，让材料在受到机械损伤后可自我修复。一个典型的例子就是覆盖在高尔夫球外的 Surlyn 树脂。现在，随着离子聚合物的出现，高分子化学迎来"新生"。离聚物与一种被称为离子液体的反应性有机盐聚合，得到离子液体聚合物（PILs），其熔点低于 100℃。由于构成材料的离子键的可逆性，这些聚合物具有自我修复和形状记忆特性，在电化学领域应用颇广，特别是用作电池或燃料电池的固体电解质。

除了以上的精彩案例，高分子化学在构造模仿自然结构的物体方面还有诸多建树。它提供了数不胜数的合成工具，构思出万花筒般丰富多变的结构，可谓天工开物，让人叹为观止！

参考文献

1. Bruns N., Kilbinger A.F.M. (eds), *Bio-inspired Polymers*, Royal Society of

Chemistry, 2016.

2. Wolfs M., «Superhydrophobic polymers», *Encyclopedia of Polymer Science and Technology*, J. Wiley & Sons, 2013.

3. Wang S., Urban M.W., «Self-healing polymers», *Nature Reviews Materials*, 2020, 5: 562-583.

（让－弗朗索瓦·热拉尔）

荧光法证

没有人能犯下罪行却不留痕迹。

——埃德蒙·洛卡尔（Edmond Locard）*

　　从 20 世纪初开始，警方便拥有了一件强大的破案武器：指纹。只要将犯罪现场采集到的广义上的指纹（包括指纹、掌纹或足迹）与数据库里的记录进行对比，便可迅速锁定犯罪嫌疑人。这是因为，每个人的指纹都是独一无二且永恒不变的，哪怕是同卵双胞胎，指纹也不一样。但想要鉴定指纹，往往还得先提取一个通常不为肉眼所见的纹路：潜指纹（LFPs）。

　　指纹显影的众多方法中，最有名的应该是指纹粉，它是各大犯罪影片和侦探小说中的常客。实际上，提取潜指纹还有诸多其他手段，例如，氰基丙烯酸酯熏蒸法，这种方法尤其适用于光滑无孔的非渗透或半渗透表面。我们将犯罪现场取得的物证放在一个湿度控制在 80% 的封闭容器中，然后以 120℃的温度蒸发氰基丙烯酸酯（俗称"强力胶"），形成一种化学烟雾。该烟雾一旦接触构成潜指纹的人体分泌物（皮脂、汗液等混合物），氰基丙烯酸酯会以白色固体（图 6.6.1）的形式聚合，让潜指纹得以现形，以供拍摄。

　　这种方法绝大多数情况下都十分奏效，可一旦碰到浅色表面，由于缺乏对比度，"白上加白"，往往难辨彼此。为了解决这一难题，技术人员会向被氰基丙烯酸酯熏蒸出的指纹喷洒一种含有荧光的溶液，指纹便会发出荧光。再辅以一种特殊照明，便可改变指纹颜色，哪怕在浅色表面也可清晰观察和拍摄。

---

　　* 法国法医学教授，他于 1910 年在里昂创立了第一个法医科学实验室，从而成为法医科学的奠基人。他的事迹被多次翻拍成电视剧，在法国家喻户晓。

然而，这种后期处理也有它的缺点。

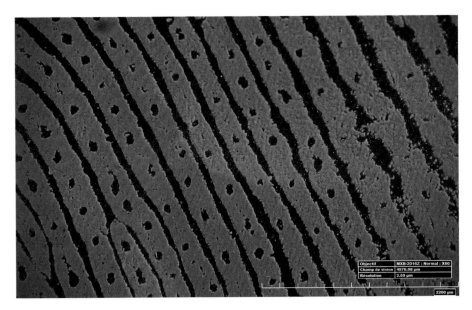

图 6.6.1　经氰基丙烯酸酯显影的指纹（放大 60 倍的效果）

　　首先是有毒。使用这种含有潜在毒性的溶剂和化学品需要特殊的防护设备，只有少数机构配备了这些装置，一般在重大案件时才会调用。其次，这些化学物质也有可能会降解指纹中的 DNA，从而干扰其他的遗传学鉴定。喷洒荧光溶液也可能导致痕迹图案降解，甚至完全洗去。有时候，如果碰上多孔表面，表面自身也会被荧光浸染，那么该方法在对比度方面的优势就荡然无存了。最后是时间。这种后续处理需要 24—48 小时，也就是指纹干燥到可供拍摄水平所需的时间。长时间的浸泡也会导致纹路附着的载体膨胀，图案也容易随之变形。另外，干燥时间过长也会导致警方无法在拘留期间及时获取有用信息。

　　自 20 世纪 70 年代末发明了氰基丙烯酸酯熏蒸法以来，人们就在孜孜不倦地寻找免除后期处理的途径。但无论是用荧光基团修饰氰基丙烯酸酯单体，还是尝试将两者一同汽化，都未能获得无须后处理（即二次染色）便可直接发出荧光的聚氰基丙烯酸酯。究其原因，还是荧光基团相对分子质量太大，导致它无法在 120℃时蒸发。事实上，大多数荧光有机化合物的发光特性，都得益于它们 π 体系的空间范围，这使其可以吸收紫外 – 可见光波长范围内的光，随后再发射到另一个通常也是可见光的波长（例如胡萝卜素中的 π – σ – π 共轭结构，含有 22 个碳原子，这种共轭影响了很多水果蔬菜的颜色）。问题在于，为了加强 π 体系共轭而添加的碳原子越多，该体系的摩尔质量就越大，就越难实现较"低"温度下的汽化。

直到 2008 年，一位实验人员在偶然接触了一家专门生产法医用品的公司之后，才发现了一种潜在的可行办法：四嗪，一种具有特殊光学和电化学性质的分子。这种四嗪有着苯核一般的大小，4 个氮原子取代了其中的 4 个碳原子，具有强烈的（橘红色）色泽，这对于有机化学中的小分子来说是一个奇特现象。

这一系列化合物拥有的隐秘特性将有望解决执法人员所面对的困境：有些四嗪即使没有较宽大的共轭骨架也可发出荧光，这让它们成为有机化学中最小的荧光剂，也是最轻的荧光团之一。在这些荧光四嗪中，本身为橙色的 3–氯–6–乙氧基–1，2，4，5–四嗪（图 6.6.2）在可见光（λ_{max} = 567 纳米）或紫外线（λ_{exc} = 325 纳米）照射下，会发出黄色的荧光（λ_{exc} = 515 纳米）。

图 6.6.2　a.3–氯–6–乙氧基–1,2,4,5– 四嗪；b. 自然光下的图像；c. 紫外线照射下的图像（325 纳米）

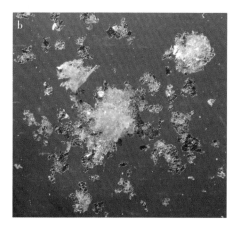
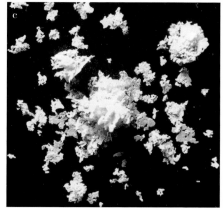

3-氯-6-乙氧基-1，2，4，5-四嗪的优点是可以与氰基丙烯酸酯混合但不会过早触发聚合，其沸点为87℃，接近氰基丙烯酸酯的沸点（85℃）。人们得以在最佳熏蒸条件下（120℃、80% 湿度）同时喷洒两种化合物。用这种氰基丙烯酸酯和四嗪混合物显影出的痕迹在自然光下呈白色（与单用氰基丙烯酸酯获得的印模效果一致），但在紫外光下呈现出黄色，可在需要时增加印模和衬底之间的对比度（图 6.6.3）。这样一来，不仅免去了二次染色的麻烦，还不用调整执法技术人员的勘查设备或程序，适用于所有调查。另外，考虑能否在罪案现场直接使用的一大先决条件是该材料是否会破坏后续的 DNA 分析，而在指纹上使用 3-氯-6-乙氧基-1，2，4，5-四嗪并不会影响指纹中包含的DNA。

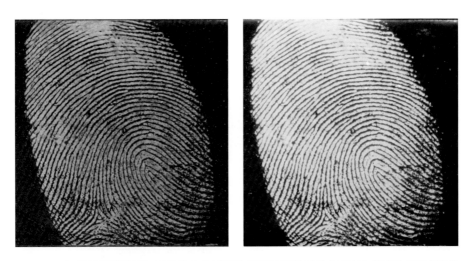

图 6.6.3　氰基丙烯酸酯叠加四嗪化合物显影法获得的指纹图像分别在自然光（左图）和紫外线照射下（右图）所呈现的效果

基于此项研究成果，法国一家初创企业开发出了一款新的商业化产品：Lumicyano。目前已被法国和世界其他地区的警方广泛采用。Lumicyano 的诞生过程向我们生动展示了科学发现往往始于偶然的相遇或灵光的闪现，再加上一点发散思维和大胆创意。它的问世更说明了，科学的突破需要基础研究与应用研究相互辉映，携手同行！

参考文献

1. https://www.police-scientifique.com/empreintes-digitales.

2. Clavier G., Audebert P., «s-Tetrazines as building blocks for new functional molecules and molecular materials», *Chemical Reviews*, 2010, 110: 3299-3314.

（皮埃尔·奥德贝尔　洛朗·加尔米什）

谢弗勒尔：启明百年

它们的羊毛如火焰一般耀眼。

——拉封丹，《普塞克》(*Psyché*)，1669 年

1886 年 9 月，法国举国上下都在庆祝谢弗勒尔（图 6.7.1）的百年诞辰。共和国政府为其打造了纪念奖章，背面刻着"法国青年致恩师"。生日当天，

图 6.7.1 《谢弗勒尔先生肖像》(*Portrait de M. Chevreul*)，沃卡努(Emile Vaucanu)绘，藏于法国贝尔奈市立美术馆

传奇摄影师纳达尔（Félix Nadar）为其举办了历史上第一次摄影访谈，意义非凡。各种致敬如潮水般从整个欧洲涌来，甚至连英国维多利亚女王也特地提笔致意。谢弗勒尔于 1826 年补替约瑟夫·路易·普鲁斯特成为法兰西学院院士，两人曾经常一起钓鱼。

作为一位兴趣广泛、兼容并蓄的化学家，谢弗勒尔在他的百年生涯里涉猎甚广。他出生于昂热的双篱街 11 号。在老乡若阿基姆·普鲁斯特的举荐下，谢弗勒尔自 1803 年起开始跟随沃克兰学习。在巴黎，他的事业节节攀升。他先后在查理中学和巴黎综合理工大学任教，随后又进入法国国家自然博物馆（一直到 1897 年，他都担任馆长一职，并称该馆为自己的"庇护所"）。1824年，他被任命为戈布兰挂毯制造厂印染部门的负责人。在那里，他对羊毛、色彩和染料等进行了大量研究。仅在色彩认知方面，他就区分出了超过 14 420种色调，并基于此发明了以他名字命名的色盘（图 6.7.2）。1839 年，谢弗勒尔便提出了"色彩的和谐和对比原理"，也称"谢弗勒尔定理"，即"相比于分开观察，当两种颜色放在一起对比时，色彩间的区别更加明显"。关于色彩的研究贯穿了谢弗勒尔的一生，并对西方绘画史产生了深远的影响（尤其是点彩画派）：德拉克洛瓦（Eugène Delacroix）、凡·高（Vincent Van Gogh）、修拉（Georges Seurat）和一众印象派画家都对他的理论兴趣浓厚。

当然，我们不必赘述谢弗勒尔在法国国内与国际上取得的显赫声誉（他可是"拿破仑国王的侍从"），也无须一一列举他那数量惊人的论文（足足 700 百余篇）。只需记住，谢弗勒尔最主要的荣誉是分离提纯了脂肪酸（1813 年）和硬脂酸（1823 年），并对脂肪的皂化和酯化进行了系统研究。这些发现为人工黄油的合成奠定了基础。海因茨（Wilhelm H. Heintz）在 1853 年阐明了这种脂肪酸的真正物质构成；在此基础上，法国人梅热 - 穆列斯（Hippolyte Mège-Mouriès）在 1869 年成功合成了人工黄油，满足了当时拿破仑三世希望能发明一种便宜且易储存的黄油的愿望。谢弗勒尔的研究工作还革新了肥皂和蜡烛的生产工艺；现代

图 6.7.2　谢弗勒尔色盘

工艺生产出的蜡烛的气味，比传统脂烛的小很多。他与盖 - 吕萨克一起申请了该项技术的专利。谢弗勒尔在有机化学方面的突破为他赢得了 1857 年的科普利奖章，这相当于那个时代的诺贝尔奖，但角逐更为激烈，所有学科共同竞争一块奖牌。1875 年，他还被授予了法国最高级别勋章——法国荣誉军团大十字勋章。

　　从灰尘的传播到牛肉的烹饪，这位好奇心旺盛的化学家无所不谈。他甚至还在 1854 年充当了一回"打假先锋"，发表了一篇名为《从批评史与实验方法的角度论占卜棒、爆炸钟摆与旋转桌》（De la baguette divinatoire, du pendule dit explorateur et des tables tournantes, au point de vue de l'histoire de la critique et de la méthode expérimentale）的文章，抨击了当时的迷信思想与江湖骗术。他在结语里用现代而又不失人文主义色彩的口吻说道：

> 一个堂堂年轻人绝不会让自己被某些野心家或党派私利牵着鼻子走。只要一个学生不蔑视历史，至少不把"过去"当作微不足道之物，他便会感激过去给予他的馈赠，不再会被所谓的新事物轻易地愚弄；只要他不忘恩于过去与现在，便不会好高骛远，只期待那些他自认是真实、美好或伟大的事物；一言以蔽之，他永远不会以表象代替事实，以假代真，把合金当作真金。

谢弗勒尔虽算不上桃李满天下，但也培养出了诸如热拉尔（Charles Gerhardt）或坎尼扎罗（Stanislao Cannizzaro）这样的学生，且间接地影响了李比希（Justus von Liebig）和武尔茨。谢弗勒尔更像一位"科学的摆渡人"，将化学创新的火炬从启蒙时代一直传递到了20世纪初。

1889年4月9日，法国国家自然博物馆大门紧闭。大门铁栏栅上挂着一个告示牌，写着："谢弗勒尔先生于今晨1时与世长辞。今日停课，展馆关闭。"谢弗勒尔的一生都围绕着博物馆所在的居维叶街57号徐徐展开。4月11日，来自他故乡昂热的主教弗雷佩尔（Charles-Emile Freppel）在议会上感谢共和国政府为谢弗勒尔举办了国葬。这位伟大的化学家最后被安葬在位于巴黎南郊的莱伊莱罗斯市，谢弗勒尔曾担任该市的市长长达15年。

就在他去世的几天前，谢弗勒尔曾受邀为一座"奇特"建筑物举行挂旗揭幕仪式。发出邀请的是一位从化学工程师改行成为冶金学家兼建筑师的奇才。不错，正是埃菲尔铁塔的设计者埃菲尔（Gustave Eiffel）。在名字被埃菲尔选中镌刻于铁塔上的72位科学家中，当时还在世的只剩两位，一位是谢弗勒尔；另一位则是在1849年测定了光速的物理学家斐索（Hippolyte Fizeau, 1819—1896）。谢弗勒尔的名字位于铁塔的西北面，正对着特罗卡代罗宫——1937年后这座建筑被改造成一座新的博物馆。

延伸阅读

1. Fournier J., «Deux contributions majeures à la définition de l'espèce chimique : Proust et Chevreul», *Bulletin SABIX*, 2012, 50: 45−59.

2. Roque G., Bodo B., Viénot Fr., *Michel−Eugène Chevreul; un savant, des couleurs!*, Publications scientifiques du Muséum, 1997.

3. Sevin A., Dézarnaud−Dandine Chr., *Histoire de la chimie en 80 dates*, Vuibert, 2014.

4. Bodo B., «La saga du cholestérol : de la substance à la structure», *L'Actualité chimique*, 2015, 399: 52−58.

（奥利维耶·帕里塞尔）

美味化学

吃是本能，会吃是艺术。

——拉伯雷

我们时常听见有人感叹："化学，就和烹饪一样！"显然，这门学科对经验的倚重让他们十分恼火。当然，还有一种对等的说法："烹饪，简直堪比化学！"根据布里亚－萨瓦兰的定义，烹饪就是一门"加工食材，让食物美味可口"的艺术。这门艺术背后，是一系列在大厨眼里十分神秘莫测的转化。相信我，感到神秘莫测的，可不只是大厨们。

布里亚－萨瓦兰所言不假。他认为美食学就是"对一切与人类食物相关的事物的理性认知"。他曾在《厨房里的哲学家》中强调：

> 美食与自然历史紧密相连，因为它涉及食材的分类；与物理学息息相关，因为它研究食物的组成和特性；更与化学一脉相承，因为它将食物细细分解、逐个探究。

的确，蛋为什么一煮就变硬？苹果（或是香蕉、牛油果、梨子、蘑菇等）去皮后为何会发黑？为什么面团会膨胀发泡？为什么吃酸菜可以预防败血症？为何辣椒会让舌头火烧火燎而芥末酱让人呛鼻咳嗽？化学，一切皆因化学。

追寻这些答案的过程甚至在 20 世纪 80 年代催生了一门新学科：分子料理学。套用布里亚－萨瓦兰的话来说，分子料理，就是"在分子层面上，对一切与人类食物相关的事物的理性认知"。当然，用科学为我们的饮食背书早就不是什么新鲜事了。许多化学家都曾致力于更好地理解食材，了解它们在烹饪过程中的转化。其中不乏大名鼎鼎的人物如拉瓦锡、帕尔芒捷、谢弗勒尔，以及沙普塔尔。如今，大厨们对科学（实践）的兴趣自不言而喻，而烹饪本身也已演变为一项科学课题，让一众化学研究者心驰神往。

1 烹饪游戏

供厨师加工的材料（食材），通常都属"活物"（动植物、真菌等），也就是说，食材都是些有机分子。当你想象自己一边啜饮香槟一边咀嚼苹果派时，化学家看到的是你咽下了大量的水、一堆宏量营养素（蛋白质、碳水化合物、脂肪）和一些微量营养素，包括烷烃、烯烃、醇类、醛类、酮类、羧酸、酰胺、芳烃，等等。总的来说，你吃下了构成有机化学这大千世界的一切物质……哦，别忘了，还有我们身体所需的矿物质（铁、硫、锌等）。

手握这巨大的"调色盘"，大厨们挥洒创意，用味道（入口的滋味、馥郁的香气和三叉神经的感官刺激）、质地（柔软、坚实、酥脆或流动）、外观（形与色），为我们打造了一幅幅"可餐"的"秀色"。

例如，当你想制作蛋黄酱的时候，就需要将蛋黄（含50%的水、35%的脂肪，15%的蛋白质以及少量的维生素与矿物质；蛋黄酱的"黄"色则来自叶黄素和玉米黄质），与少量的醋（一种略带香气且染了色的乙酸溶液）和盐（氯化钠）混合在一起。随后，再慢慢倒入一些油（98%的三酸甘油酯和2%的各种酚类、甾醇、生育酚和其他诸多醇类）。一边倒一边细细搅拌至乳化状态，混合物也开始变得浓稠起来：奇特的是，加的液体（油）越多，蛋黄酱反而越浓稠！这是因为随着搅动，油被乳化成细小的液滴并慢慢聚集，而蛋黄或醋提供的水分又少得可怜，让这些小液滴"寸步难行"，导致整个混合物变得越来越浓稠。因此，在奇妙的蛋黄酱里，既包含了物理定律（斯托克斯定律告诉我们，乳化速度和液滴半径的平方成正比，因此我们需要不断搅拌让油滴打散成尽可能小的颗粒，以稳定乳化效果），也包含了化学原理（即表面活性剂的重要性，蛋黄中的蛋白质和卵磷脂都具有表面活性剂的效用，能减少油与水之间的表面能，减缓液滴的聚合达到稳定乳化物的效果）。换言之，一碗做砸了的蛋黄酱，无非就是来自蛋黄和醋的水，乳化在过多的油当中，让整个蛋黄变成不可救药的一摊稀泥（图6.8.1）。

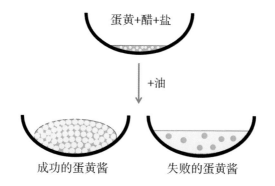

图 6.8.1　以蛋黄（一种天然乳化剂）为基底，加入适量的油，再凭借自己的经验与技巧，往往能得到两种结果：一碗"成功"的蛋黄酱（左图，形成水包油型乳液）或一碗"失败"的蛋黄酱（右图，形成油包水型乳液）

　　用物理和化学的眼光看烹饪，抽丝剥茧地剖析烹饪成败之谜，可是说上几天几夜都说不完，光是在制备食物的阶段，就有形形色色的问题：柠檬汁为什么能防止鳄梨酱氧化变色？那得感谢柠檬汁中的抗坏血酸和它优秀的抗氧化功能。龙虾为何一下锅就变色？这是因为高温下龙虾富含的蛋白质"甲壳动物蓝素"变性，从而释放了龙虾体内虾青素的着色能力。鸡汤放进冰箱会结冻？那不过是胶原蛋白遇冷后形成的网格结构，让整碗汤化作一份凝胶。做面包的面团会膨胀？典型的发酵现象。肉放在火上炙烤会产生诱人色泽？主要是美拉德反应的功劳。从火上取下的焦糖还在继续变黑？那是焦糖化反应具有的惯性在捉弄我们而已。

　　即便到了终于可以大快朵颐的时刻，迷思也不见减少：吃完朝鲜蓟后再喝水时，嘴里为什么总有一丝甘甜？那是朝鲜蓟中一种叫洋蓟素的化合物欺骗了我们的味觉。为什么热腾腾的薄荷茶喝下后会有一股凉爽的感觉？那是薄荷醇的小伎俩。让孩子们苦到愁眉苦脸的苦瓜呢？那不过是它为了保护自己而形成的大量味苦的葫芦素。川菜里的花椒咀嚼起来会有一种局部麻痹的奇怪感觉？那是花椒中的羟基 - α - 山椒素在作祟。喝红酒时口腔里总有一股干涩感？错不了，那正是酒体中单宁的奇效。

2 吃出妙趣

除了味蕾之乐，烹饪的根本目的还是为了维系生命。因此，厨师在构思一道菜或一整桌饭时，也要将膳食的营养价值和均衡纳入考量。这一点对于日常饮食（无论是在家吃还是在外吃）都尤为重要。相比之下，在休闲或猎奇的餐饮中，"有意思"则走在了"有营养"前面。

于是，不少化学家开始钻研起"理想食物"这个概念。其中就有贝特洛。他在1894年4月5日化学产品工会大会组织的晚宴上慷慨陈词：

> 人们总喜欢畅想未来的社会图景，那么，就让我来谈谈我想象中的2000年会是什么样的吧！届时，人类社会所面临的最大问题——究其本质是个化学问题——将迎刃而解，那就是食品制造。事实上，这个问题已经解决了：人类合成脂肪和油已经快40年了，糖和碳水化合物也可被人工合成，蛋白质的合成还会远吗？因此，让我再强调一遍，解决食物问题的关键，就是化学。只要我们能够大量且廉价地获取能量，就可以随心所欲地制造食物。我们能从碳酸中提取碳物质，从水中提取氢，从大气中提取氮和氧来合成食物……到那时，人们无论到哪儿都随身携带着各种小药片，富含蛋白质、脂肪、淀粉和糖，再加上一小瓶按个人口味定制的香料，便可轻而易举地解决一日三餐。我们的工厂可以批量廉价地生产这些合成食品，要多少有多少。

显然,贝特洛忘记了人类是一种有文化的生物,餐桌的乐趣可远远不只是满足新陈代谢这么简单。更何况,列维－斯特劳斯(Claude Lévi-Strauss)早就

图 6.8.2　芒果慕斯(在添加了明胶的芒果酱中均匀充入一氧化二氮气泡)

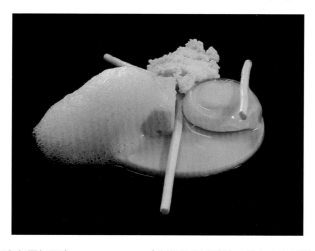

图 6.8.3　烹饪老师图姆雷(Stéphane Tumlets)制作的创意甜点,他在安东尼学院举办的分子料理进修课上展示了这项创意:该甜点由甘草凝胶、菠萝棉花糖、酸奶冰激凌球、奶皮、白朗姆酒泡沫和柠檬蛋白酥皮构成

一针见血地说过："食物光是好吃还远远不够，还得能让人思考。"

"对于人类而言，发明一道新菜比发现一颗新星更有意义。"布里亚－萨瓦兰（没错，又是他）如是说。这是所有料理爱好者所面临的挑战：不断地了解烹饪原理，不仅是为了磨炼技艺，更是为了开放创新……就如那一小团芒果慕斯（图 6.8.2），便是添加剂（明胶）和新工具（充满氧化氮的虹吸管）强强联合的创意产物。一款看上去色彩单调的甜品，实际上却融合了 6 种不同的质地与口感（图 6.8.3）。

烹饪爱好者就这样徜徉在化学和"炼金术"之间、游走在科学和技术之间，日日翻新花样，玩转食材，不断构思新的方法转化食材，让人们吃得更健康，吃得更美味。

延伸阅读

1. Burke R., Kelly A., Lavelle Chr., This H.(dirs), *Handbook of Molecular Gastronomy: scientific foundations and culinary applications*, CRC Press, 2021.

2. Lavelle Chr., Merlin M.(dirs), *Je mange donc je suis. Petit dictionnaire curieux de l'alimentation*, Muséum national d' Histoire naturelle, 2019.

3. Lavelle Chr., *Molécules: la science dans l'assiette*, Éditions de l'Argol, 2021.

4. Lavelle Chr. (dir.), *Science culinaire : matière, procédés, dégustation*, Belin, 2014.

5. Binet H., Garnier J., Lavelle Chr., *Toute la chimie qu'il faut savoir pour devenir un chef*, Flammarion, 2017.

（克里斯托夫·拉韦尔）

后 记

示人的一切皆美。

——荷马（Homer），《伊利亚特》（*Iliad*），卷 22, 73 行

在《可能性的游戏》（*Le Jeu des Possibles*，1981 年）一书中，弗朗索瓦·雅各布（François Jacob）*曾说："现代科学的开端可以追溯到广义问题被有限问题取代的那一刻。"也就是说，相比于提出"宇宙是如何诞生的？物质是如何构成的？生命的本质是什么？"这类宏大命题，我们开始思索"石头是如何下落的？水在管道里如何流动？血液如何在身体里流淌？"这样的细节。转变的结果出人意料。那些宏大的问题，往往以有限的回答草草收场，而这些看似不起眼的小问题，却带来了越来越广阔的答卷。

我们衷心希望，这部汇集了诸多"小问题"的作品能带领读者认识，或者说重识化学这门学科。很早以前，人类就开始尝试各种化学实践，直到 18 世纪末，即经历了几个世纪的经验摸索之后，化学才成长为一门系统的现代学科，并在之后的 200 年间以惊人的速度发展起来。

不可否认，化学，乃至整个科学的创新进步都有双面性，既能造福人类，也能招致灾难。好心办坏事的时候也不在少数。本想为人类谋福利，结果却不尽其然。无论如何，化学的初心始终如一：了解原子如何结合形成分子，以

---

* 1965 年，弗朗索瓦·雅各布与利沃夫（André Lwoff）及莫诺（Jacques Monod）一起被授予诺贝尔生理学或医学奖，以表彰他们在"酶和病毒合成的遗传控制方面做出的贡献"。1977 年，弗朗索瓦·雅各布当选法兰西科学院院士，后于 1997 年进入法兰西学术院。他的战友舒曼（Maurice Schumann）在招待会上为其宣读了入选致辞。他的女儿奥迪尔·雅各布（Odile Jacob）后来创建了奥迪尔·雅各布出版社（Édition Odile Jacob），专门致力于科普类书籍的出版和推广。

及原子在反应中的重新排布。换言之，化学向我们揭示了身边的一切，既包括生命也包括无机物。本书中汇聚的丰富案例，都是为了分享这种醍醐灌顶的乐趣。当然，篇章的挑选多少都有些主观的成分。我们相信，还有更多的篇章、更多的作者将为人们打开更多不同的化学新视野，而这些就交予其他的科普著作去实现吧！

只要本书能够对读者有一点点的启发与激励，重燃读者对化学的一丝兴趣，我们的目的就达到了。化学家永远都充满着无穷的想象力，无论是站在实验台前还是面对着纸上的方程式，他们的头脑里都涌动着无限创意。本书和大家讨论了诸多有趣的主题。毫无疑问，还有更多的化学冒险在等着我们，等着下一代人，等着未来那批更能深刻理解人类需求并懂得趋利避害的年轻化学家们。

感谢所有积极参与本书创作的作者，他们义不容辞地投入这场艰难的写作之旅。在他们不时的风趣自嘲背后，是对科研不变的热忱：正是每一位化学人的创造力和专业素养，推动着化学这门学科不断地进步，不断地惊艳世人。

奥利维耶·帕里塞尔（Olivier Parisel）

弗朗西斯·泰桑迪耶（Francis Teyssandier）

于巴黎和佩平尼昂，2021 年 2 月 20 日

术 语 表

ATP（三磷酸腺苷） 一种参与构造核酸的分子，在细胞能量代谢中起着重要作用。生物所需的能量来源于营养物质的氧化，但这种能量无法被细胞直接利用，而是被中间分子 ATP 捕获，ATP 也因此成为生物系统中最有效直接的供能体。

DNA（脱氧核糖核酸） 存在于所有生物细胞及众多病毒中的生物大分子。DNA 中包含生物所有的遗传信息，即基因组，是生物体发育、功能形成和繁殖的关键要素。

MOF（金属有机骨架） 金属离子与有机分子（配体）连接形成一维、二维或三维结构的晶格，可用作催化剂，也可利用材料的多孔性储存和分离分子。

PET 扫描（正电子发射断层扫描） 将器官功能可视化的一种成像检查。它将放射性示踪剂的微量注入与扫描仪拍摄成像技术结合，使前者在成像中可见。

RNA（核糖核酸） 存在于几乎所有生物及部分病毒中的生物大分子。RNA 是由一种可复制 DNA 序列的酶转录 DNA 而形成的。细胞会特别地利用 RNA 作为基因的中间载体来合成自身所需的蛋白质。

羟基－α－山椒素 一种具有独特风味的有机化合物。它具有辣椒一般的刺激性，会让人产生刺痛感。花椒的独特辣味就源自此。

半合成 以天然化合物为基础进行的分子合成工作，这些天然化合物已经拥有目标分子的部分组分。

半金属 金属通过电子传输导电，绝缘体不导电。半金属则介于金属和绝缘体之间。其行为特征类似于半导体，它们微弱的导电性会随着温度升高而提升,而金属导电性随温度升高而下降。

比表面积　物体实际表面积与通常用其质量表示的物质量之间的比值。当粉末的晶粒尺寸减小时,对于给定的粉末质量,晶粒的表面积增大。因此该粉末的比表面积增大。

图像变形　在进行陶瓷增量制造(3D 打印)时,通过数学计算对图像进行变形,以预测烧结时零件的收缩程度。

表面活性剂　可改变两个表面间表面张力的化合物。其组成分子一般具有两个极性不同的部分,一部分对脂质有亲和力,另一部分亲水。因此它们可以混合两个不混溶的相。

表型　生物体可观察到的所有特征,是基因表达与环境相互作用的结果。

掺杂　在半导体领域,给某种材料进行掺杂是指往材料基质里掺入不同类型的原子。新原子将取代初始原子,引入更多的电子或电子空穴(见**载流子**)以改变材料的导电性能。

超分子化学　化学的一个分支,主要研究分子内部的原子间及分子间的非共价键或弱键合。

超晶格　晶体固体是由一种被称为晶格的原子或分子图案在空间的 3 个维度上周期性重复构成的。超晶格是由两种或多种组分不同的材料有序交替生长在一起所得的一种周期性结构材料。

臭氧解　烯烃与臭氧分子反应导致碳碳双键被切断,从而生成酮、醛、羧酸或醇。

传感器　一种探测或测量装置,可测定、记录或显示某些物理性质,甚至可对其产生响应。

磁悬浮　利用固定装置与被提升部件之间的电磁相互作用而产生的悬浮。

催化剂　参与催化过程的化学物质,它主要通过降低反应所需能量来起作用,从而大幅度提高反应速率。反应中,催化剂用量一般很少且不会被反应改变,因为它不会参与最终的化学平衡,这也意味着它可以被多次重复利用以催化连续反应。

代谢物 一种有机小分子，可进入代谢过程或间接地在代谢过程中形成于机体内。

代谢组学 一个学科门类，主要研究细胞、器官或生物体内存在的所有基础代谢物（糖、氨基酸、脂肪酸等），以及植物产生的次生代谢物（多酚、黄酮、生物碱等），相当于代谢领域的 DNA 基因组学研究。

（电荷）载流子 带电荷的粒子或准粒子。在液体中这些粒子被称为离子，在固体中则被称为电子（–e）。在半导体理论中，我们还引入了"电子空穴"这一概念。电子空穴可被看作是"电子缺失"，带有正电荷（+e）。和电子一样，它们也可以移动。载流子的移动产生了电流。

单体 用于合成低聚物和聚合物的一种物质，通常是有机化合物。单体一般包含一个或多个可能参与聚合反应的化学官能团，即能够与另一个单体分子形成化学键。

低密度脂蛋白 胆固醇属于脂类，是构成生物脂肪的分子。它借助两种脂蛋白在血液中运输：高密度脂蛋白（HDL）和低密度脂蛋白（LDL）。

电解 利用电流来促使化学反应发生的过程。在化工业中，它常用于元素分离或化合物合成。例如，水的电解可将水分解成氧和氢，其方法是将两个电极浸没在水中并施加电流来产生气体。

电解质 一种在固体或液体状态下可通过离子位移来传导电流的化合物。

对流 一种流体动力学现象，可以是自然形成的也可以是受迫的。当流体的运动是由机械装置如泵、涡轮机、风扇引发的，被称为强制对流。当该运动由梯度引起时，则是自然对流。这种梯度可以是各种性质的，如温度差（热对流）、浓度差或密度差等。热对流与热传导、辐射一起，构成两个系统之间热交换的 3 种模式。

对映异构体 具有相同分子式（相同原子结构）但原子排列方式不同的两个分子互成异构体，若两者是互成平面镜图像但不能重叠，则是对映异构体。

具有两种对映异构体的分子被称为手性分子。

钝化　在金属或合金表面形成一层膜，从而减缓其腐蚀速度的过程。该膜可以通过气体(如空气中的氧气)或液体氧化固体表面而自然形成，也可通过化学作用人为形成。该膜可以防止可能侵蚀固体的化学物质进一步扩散，保护固体表面，使其免受腐蚀。

二十面体　正二十面体是正多面体家族中的一个立体，由20个呈等边三角形的面组成，共有20个面、30条边和12个顶点。利用正二十面体可以构造出截顶二十面体，只需切割12个顶点，也就是从每条边的三分之一处截断去除顶端。切割后的部分包括12个正五边形面、20个正六边形面、60个顶点和90条边。

芳香族　在有机化学中，芳香族化合物是指苯这样的分子，其原子可形成一种十分稳定的环状平面结构，环状结构上具有离域电子。

非平衡(态)　当一个化学系统处于平衡状态时，其组分将由热力学根据系统的状态参数(如压强、温度、体积等)来确定。如果其中一个参数发生改变，系统就会朝着一个新的热力学平衡状态演变。这种演变不是瞬时的，而是一个过程，其速率取决于系统当前状态与其平衡态之间的差异。在某些工艺中，人们故意引入极大的差异，从而触发明显偏离平衡的反应。这种类型的工艺可能会产生新的材料形态。

分类学　生物学的一个分支，用于描述生物多样性，并将生物划分为被称作分类群或分类单元的实体，方便对生物进行识别、描述、命名和分类。

共轭化学　共轭系统描述的是一组原子，相邻原子轨道可以发生重叠，让至少3个相邻原子之间得以发生强烈的电子相互作用。在电子离域的作用下，共轭体系拥有着独特反应性。共轭化学便是基于这类共轭结构发展起来的化学分支。

共格界面　当固相的两个晶体接触时，如果接触的两个面具有相同的晶体结构，并且这些晶格网络在所有方向上都一致时，它们的界面是连续的。

共晶（共熔） 由两种及以上纯物质混合而成的物质，在特定组成下具有固定的熔点和凝固点。这意味着它们以恒定的温度熔化和凝固。从熔融角度看，其行为很像纯物质，这些混合物的熔点总是低于组成它们的纯物质的熔点，这也是它们名字的由来，该名词源自希腊语，表示"容易熔化"。

固定设备 支持本地使用的非移动设备，区别于车载设备。

固液萃取 通过将固体溶解在与之接触的液体中来提取固体中可溶成分的过程。

寡聚体（低聚物） 由少量单体组成的聚合物。

光聚合 利用辐射（一般为紫外线），使单体/寡聚物固化。单体/寡聚物在光的作用下发生分子转化（如加成反应，缩合反应等），转化为聚合物。

过氧化物 含有通式为 R—O—O—R' 官能团的化合物。这种化合物相比于普通化合物含氧量更高。

核磁共振波谱法 一种技术，主要利用某些具有核自旋特性的原子核（如 ^1H、^{13}C、^{17}O、^{19}F、^{31}P、^{129}Xe 等），当它们被放置在磁场中并受到射频电磁辐射作用时，可以吸收辐射能量并将其发射出去。这一现象所涉及的能量对应着一个精确的频率，使人们可观测到气相、液相或固相中原子核的磁量子性质。

呼气组学 专门分析呼出空气的科学。

基因型 生物遗传信息（无论表达与否）的总和。

基因组学 生命科学的一个分支，主要研究生物、器官和癌细胞等的功能和特性。在研究尺度上，基因组学不局限于研究单个基因，而是以基因组为研究单位。

极性溶剂 在化学中，极性指的是正负电荷在分子中的分布方式，该分布方式是由组成分子的化学元素之间的电负性差异造成的。如果这种分布是对称的，分子就没有电极性，这时分子被称为非极性分子。反之，如果分布不对称，分子行为如同一个电偶极子，具有偶极矩，这时它被称为极性分子。极性溶剂，顾名思义便是由具有电偶极矩的分子组成的溶剂。

切变　在晶体领域，切变指的是施加在晶面上的切向力（剪切应力）导致晶体变形。

交互生长　不同性质材料的同时生长。

交联　在构成聚合物的大分子链之间形成化学或物理连接的过程。这种连接构成一种三维网络，赋予聚合物刚性。

胶束　也称胶团，是两亲分子形成的球形聚集体（既有亲水的极性链，也有疏水的非极性链）。如果亲水部分指向外部则被称为正向胶束，如果疏水部分指向外部则称反向胶束。

胶体　一种或多种物质有规律地分散悬浮在液体中，形成一个分离的两相体系（两个分离相组成的体系）。这是一种包含纳米到微米尺寸范围内粒子的均匀分散体系。胶体悬浮液介于悬浮液（颗粒尺寸大于微米）和真正的溶液（颗粒尺寸小于纳米）之间。

晶核的萌芽与生长转化　一种相变过程，它通过在初始相内形成新相的晶核，然后让这些晶核生长来实现。

聚合物　含有高分子量的有机或半有机分子。由一种或几种被称为单体的小分子通过大量重复排列（共价键相连接的形式）而形成。

聚烯烃　一种饱和脂肪族聚合物，由烯烃（如乙烯）及其衍生物聚合而成。烯烃和烯是同义词，烯是一种不饱和烃，其特征是两个碳原子之间存在至少一个共价键。

空间排阻　此处的"空间"指的是分子的空间构型，也就是立体排布。一个分子所占据的空间取决于分子内部原子及其键的相对排列。分子根据自身体积大小在有限空间内的自由扩散，决定了其空间排阻。

棱柱　一种多面体，其底部是两个具有平行边的相等多边形，侧面则是平行四边形。

离子、阳离子、阴离子　带电的原子或分子。带负电荷的离子被称为阴离子；带正电荷的离子被称为阳离子。

立体特异性　化学中，如果形成的产物依赖于所使用的试剂（反应物），则该反应被认为具有特异性，无论这种依赖是源于产物本身的性质，还是反应的机理需要反应物中的原子以特定方式排列。如果反应结果取决于试剂的立体化学性质，即分子内原子的空间排列，则反应具有立体特异性。

磷酸化　在蛋白质或小分子上添加一个磷酸基的过程。

铝硅酸盐　一种硅酸盐类，即以硅为基础的矿物，其中某些硅原子会被铝原子代替。

马氏体　钢的亚稳相。通过冷却奥氏体相获得。奥氏体相则是钢的高温稳定相。这种相的转变通常发生在一种叫作"马氏体温度"的温度以下，此时原子可以重新排列但不扩散。

马氏体变体　当马氏体晶体沿特定晶向发生切变时，允许该切变发生不同潜在取向，所产生的不同马氏体，被称为马氏体变体。

酶　一种蛋白质，可催化生物化学反应。

门　生物学名词，指一系列相互衍生的动植物物种。

摩尔　国际单位制中的基本度量单位（国际标准单位），主要用于物理和化学领域。摩尔是指一个约含 6.022×10^{23} 个元素实体（原子、分子、离子）的系统的物质量。

能源组合　特定地理区域内各种初级能源消耗的分布情况。

配方　一种工业操作手段，即将各种不同物质混合在一起制成均匀稳定的材料，使其具有特定且符合功能规格的最终特性。它尤其涉及化妆品、药品、香水、油漆颜料和塑料等制造产业。

配体　与通常是金属的中心原子结合的原子或一组原子。

氢键、氢桥　分子间或分子内部的一种作用力，涉及一个氢原子和一种电负性很大的原子如氧、氮、氟等。氢键的强度介于共价键和分子间力之间。

曲线下面积　通过给药后药物在血液或组织中的浓度来表示药物在体内

的暴露程度。

全氟（化）物　一种有机化合物，其碳链上的氢原子完全被氟原子取代。

醛类（醛）　一种分子，其链端的碳与氧双键结合（C＝O 即羰基，酮的特征官能团），与氢单键结合。

缺血　由于血管或一组毛细血管内的血液流通受阻等原因而引发的组织供血不足。

三叉神经（三叉神经系统）　三叉神经可敏感捕捉各种不同的触觉、疼痛、热感和压力。它分为三大分支（因此得名），通过神经支配口腔和鼻腔，接收处理新鲜、热、辣、灼烧和刺激等感觉，其中一些感觉是由没有气味或味道的分子引起的，比如胡椒中的胡椒碱、辣椒中的辣椒素和橄榄油中的刺激醛等。

烧结　利用高温，在不造成整个系统熔化（不达到材料熔点）的情况下，通过颗粒之间的结合来实现颗粒的固结。高温下，颗粒焊接在一起，确保了零件的内聚力。烧结通常与孔隙率的吸收有关。

渗透　一种物质扩散现象。其特征是溶剂分子从一种浓度较低的溶液转移到另一种浓度较高的溶液中，两种溶液由只允许溶剂分子穿过的半透膜隔开。反渗透，则是两种液体的压强差引起溶剂反向运动。

生物标志物　一种可测量的生物特征（通常为蛋白质），可测定某种生物过程正常与否。在医学领域，生物标志物可用于医学筛查、疾病诊断和治疗反应的评估等。

生物相容性　与生物体相容，无毒性。

（电）势差　电势能取决于其在电场中的位置。我们常用水流的势能作比喻，以形象地说明势能（势）的概念。水流中任意一点的势能与其高度相对应。两个点之间的高度差就对应着电场中的势差。电场中施加在电子上的力由电荷决定。电荷在电路中 A 与 B 点间的流动，便是所谓的电流。如果两点之间不存在电位差，就不会产生电流。

手性　若一个分子与它在平面镜中的图像不能重叠，则该分子具有手性。

隧道效应　量子物体跨越势垒的特性，即一个量子物体在其能量低于跨越势垒所需的最小能量时也能跨越壁垒。

羧酸　具有羧基的分子；羧基是一个官能基团，其中的碳原子与氧原子双键结合，与羟基单键结合。

糖酵解　一种将葡萄糖转化为能量的代谢途径。

外消旋　手性化合物的左旋对映体和右旋对映体的等比例混合物。

重金属　因其在低浓度下也具有毒性且不可降解而遭到排斥。它们很容易在生物体内积累，并沿食物链浓缩，尤其需要关注并重点监测的重金属有镉、铬、铜、汞、镍、铅和锌。

微量元素　一种存在于生物体内的矿物盐，量极小（每千克体质量含量低于 1 毫克），但对于维持生命体运转来说必不可少。常见微量元素有锌、锰、硅等。

位移型相变　一种变形方式，其特点是原子的集体协作位移，且这种位移通常小于原子间的距离，一般是原子间距的十分之一。在这种变形中，每个原子都通过邻近原子的位移来达到新的位置。这种移动不涉及原子扩散，所以几乎是瞬时的。

稳态　一种生物调节过程，通过这种调节，生物体将内部环境（生物体内所有液体）的各种常数维持在一个正常限度内。

烯烃（烯）　一种不饱和烃，其特征是两个碳原子由至少一个共价双键连接在一起。

稀土元素　由 17 种金属元素组成的家族。初被发现时，因其矿石似乎十分稀少、分布分散且很难分离而被错误命名为"稀土"。事实上，它们的储量相对比较丰富。由于其特殊的性能，稀土在制造高科技产品方面有着重大的战略意义。

鲜味　舌头在咸、甜、酸、苦后检测出的第五种味觉。实际上为谷氨酸钠的味道。该词（Umami）源自日语，是"美味可口"的意思。

新陈代谢　生物细胞中发生的各种化学反应的总和，使生物体能够生存、繁殖、发育并对环境刺激做出反应。

形态发生　生物学中，决定组织、器官和生物的体形结构的全部规律。

悬键　固体结构中的一个原子具有不饱和的化学键，它可能是造成材料光电子特性随时间变化而变化的原因。

氧化还原　发生"单"电子转移的化学反应。捕捉电子的化学物质被称为"氧化剂"，释放电子的则称为"还原剂"。两种化学物质在一起形成了所谓的氧化还原对。

一阶相变　相变是由于控制化学系统的一个强度参数如温度、压强等的变化，而引起的从一个相向另一个相的物理转变。一阶相变的特点则是这些物理量的不连续性，这种不连续性则与系统热力学态函数的一阶导数相关。

益生菌　对健康有益的微生物，如某些细菌和酵母。

益生元　饮食中不易消化的成分，可为肠道微生物菌群提供营养。

意外发现　根据范安德尔（Pek van Andel）和布尔西耶（Danièle Boursier）的说法，"意外发现是一种发掘的天赋和发现的能力，是凭借一种惊人的观察力，在科学、技术、艺术、政治或日常生活之中发明或创造出别人未曾想象的东西"。（《论科学、技术、艺术和法律中的意外发现》，*De la sérendipité dans la science, la technique, l'art et le droit. Leçons de l'inattendu*, L'Act mem, 2008 年）。

影响器官的（感官特性或感官体验）　任何能够激发味觉感知器官的感官特性。食物或饮料的感官特性是由气味、口味、质地与浓稠度等共同决定的。

右旋　一种分子，它具有使偏振光的偏振平面偏向（观察者角度）右侧的特性。

螯合剂　用于治疗金属中毒或放射性物质中毒的化学物质。它可与金属的二价或三价正离子形成稳定配位化合物（也称螯合物），并随尿液排出体外。

诊疗学　由"诊断"和"治疗"两个词构成。它是一种使用成像来绘制体内癌细胞的分布图并对其进行靶向治疗的方法。

支架 也被称为"弹簧",是一种可以滑入人(或动物)体内的自然腔中,并使其保持打开状态的一种装置,通常是金属的、管状的或网状的。大多数支架都被应用在动脉中,也可用于尿道和胆管等。

脂肪族 带有开链(直链或支链),或包含一个或多个非芳香环的碳氢化合物。脂肪族可以是饱和的,如石蜡和烷烃;也可以是不饱和的,如烯烃和炔烃。

脂质体 一种纳米尺寸的人造囊泡,其膜由一层或多层同心双分子层构成,其间由水性隔室隔开。这些脂质具有一个与水接触的极性头部和一个朝向双层中心的非极性尾部。

执行器 又称致动器、操动件、驱动器、运行器等,是一种能够移动或控制机械与系统的装置。

质谱 一种物理分析技术,通过测定待研究分子的质量来进行检测和鉴定,以表征它们的化学结构。根据其带电分子(质子)的质荷比(m/z)在气相中对其进行分离。

质子 从氢原子中派生出来的离子,具有正电荷,其电荷量的数值等于电子的电荷量。质子与中子一起,是构成原子核的亚原子粒子。

装饰、修饰 在化学术语中,该词特指某个表面被特定化学基团或聚合物修饰,从而具备了特定的性质。

左旋 一种分子,它具有使偏振光的偏振平面偏向(观察者角度)左侧的特性。

作者简介

朱莉·阿尔斯兰奥卢（Julie Arslanoglu） p.030—035

美国纽约大都会艺术博物馆，纽约－波尔多跨学科国际合作实验室（ARCHE-LIA）

https://www.metmuseum.org/

https://www.metmuseum.org/about-the-met/conservation-and-scientific-research/scientific-research/arch

皮埃尔·奥德贝尔（Pierre Audebert） p.277—281

法国超分子和大分子光物理与光化学实验室（PPSM-UMR 8531）

http://ppsm.ens-paris-saclay.fr/

西里尔·艾莫尼耶（Cyril Aymonier） p.106—111

法国凝聚态物质研究所（ICMCB-UMR 5026）

https://www.icmcb-bordeaux.cnrs.fr/

CNRS 铜奖获得者

马克·巴登（Marc Baaden） p.166—170

法国理论生物化学实验室（LBT-UPR 9080）

http://www-lbt.ibpc.fr/

尼古拉·巴尔多维尼（Nicolas Baldovini） p.020—024

法国尼斯化学研究所（ICN-UMR 7272）

http://web.univ-cotedazur.fr/labs/icn/fr

米哈伊尔·伯尔博尤（Mihail Barboiu） p.094—097

欧洲膜科学研究所（IEM-UMR 5635）

http://www.iemm.univ-montp2.fr/

达里奥·M. 巴萨尼（ Dario M. Bassani ）　　　　　　p.258—259

　法国分子科学研究所（ ISM–UMR 5255 ）

https://www.ism.u-bordeaux.fr/

让 – 马克·巴萨（ Jean-Marc Bassat ）　　　　　　p.133—138

　法国凝聚态物质研究所（ ICMCB–UMR 5026 ）

罗马尼·贝莱克（ Romane Bellec ）　　　　　　　p.153—157

　法国肼与高氮能量化合物实验室（ LHCEP–UMR 5278 ）

https://lhcep.cnrs.fr/

贝尔纳黛特·班索德 – 樊尚（ Bernadette Bensaude-Vincent ）　p.065—069

　法国技术、知识与实践教育中心（ CETCOPRA–EA 2483 ）

https://www.pantheonsorbonne.fr/unites-de-recherche/cetcopra/

　法国国家技术科学院院士

贝尔纳·博多（ Bernard Bodo ）　　　　　　　　　p.047—055

　法国国家自然博物馆化学实验室（ MCAM–UMR 7245 ）

https://mcam.mnhn.fr/fr

米歇尔·卡谢拉（ Michele Cascella ）　　　　　　　p.171—175

　挪威奥斯陆大学化学系，许勒拉斯量子分子科研中心

https://www.mn.uio.no/hylleraas/english/

菲利普·沙利耶（ Philippe Charlier ）　　　　　　　p.042—046

　法国人类学、考古学与生物学实验室（ LAAB–UR 20202 ），布朗利河岸 –
雅克·希拉克博物馆（ 法国研究与教育总局 ）

https://www.sante.uvsq.fr/laboratoire-anthropologie-archeologie-biologie-laab

https://www.institutdefrance.fr/lesfondations/anthropologie-archeologiebiologie/

https://www.quaibranly.fr

蒂埃里·沙尔捷（ Thierry Chartier ）　　　　　　　p.246—249

法兰西科学院院士、法国国家医学院院士、法国药学院院士、法国国家技术科学院院士

CNRS 创新奖获得者

理查尔·达尼埃卢（Richard Daniellou）　　　　　　p.264—269

法国有机化学与分析化学研究所（ICOA–UMR 7311）

https://www.icoa.fr

克里斯托夫·德拉罗什（Christophe Delaroche）　　p.176—181

法国国家空间研究中心（卫星数据与信息访问服务计划）

http://cnes.fr/

安妮·玛丽·德洛尔（Anne Marie Delort）　　　　　p.084—088

法国克莱蒙费朗化学研究所（ICCF–UMR 6296）

https://iccf.uca.fr/

卡琳娜·德奥利维拉·维吉耶（Karine De Oliveira Vigier）　p.112—115

法国环境与材料化学研究所（IC2MP–UMR 7285）

https://ic2mp.labo.univ–poitiers.fr/

段碧翠（Bich–Thuy Doan）　　　　　　　　　　　p.210—215

法国生命与健康科学化学研究所（I–CLEHS–FRE 2027）

https://www.chimieparistech.psl.eu/recherche/les–laboratoires/i–clehs/

埃里克·迪富尔克（Erick Dufourc）　　　　　　　p.252—257

法国膜与纳米物体化学生物学研究所（CBMN–UMR 5248）

http://www.cbmn.u–bordeaux.fr/

奥迪尔·艾森斯坦（Odile Eisenstein）　　　　　　p.171—175

法国夏尔·热拉尔研究所（ICGM–UMR 5253），挪威奥斯陆大学化学系，许勒拉斯量子分子科研中心

https://www.icgm.fr/

法兰西科学院院士

图片版权说明

1 时空之旅

图 1.0　Christophe Hargoues/C2RMF/AGLAÉ/CNRS Photothèque

图 1.1.2　ESA/Herschel/PACS/MESS Key Programme Supernova Remnant Team；NASA, ESA and Allison Loll/Jeff Hester—Arizona State University

图 1.1.6　P.Jenniskens,F.–X.Desert

图 1.2.1　NASA/ESA/Hubble Space Telescope

图 1.2.2　Cornelia Meinert (CNRS) & Andy Christie (Slimfilm.com)

图 1.2.3　NASA

图 1.3.1　Ahmed Al–Harrasi/université de Nizwa, Sultanat d'Oman

图 1.3.2　Miguel Platteel

图 1.3.3　Nicolas Baldovin

图 1.5.1　Reba F. Snyder & Lindsey Tyne

图 1.5.2　Plateforme Protéome de Bordeaux

图 1.5.3、图 1.5.4　The Metropolitan Museum of Art, New York

图 1.5.5　左 Maria Fredericks；右 Frederica Pozzi

图 1.6.1、图 1.6.2　Philippe Walter

图 1.7.2、图 1.7.4　Philippe Charlier

图 1.8.4　Karl Gaff/Science Photo Library

2 洞察自然，守护环境

图 2.0　Erwan Amice/IRD/CNRS Photothèque

图 2.2.1　NASA

图 2.2.2　Liselotte Tinel/IRCELYON/CNRS Photothèque

图 2.6.1　Sarah Lamaison, Collège de France

图 2.9.1、图 2.9.2　E. NAU, IC2MP, Poitiers

图 2.9.4　Cyril Chigot, Tours

3　创造能源，储存能源

图 3.0　Emma Bremond/SPCMIB/CNRS Photothèque

图 3.4.1c　Céline Merlet

图 3.7.2　获授权改编自 *ACS Appl. Mater. Interfaces* 2018, 10, 7: 6415—6423 © 2018 American Chemical Society

图 3.8.2　BNF

图 3.9.1　CNES/Mira Productions/PAROT Rémy, 2018

图 3.9.2　CNES/Esa/Arianespace/Optique Vidéo CSG, 2019

4　真材实料

图 4.0　Didier Cot/CNRS Photothèque

图 4.1.1　资料来源 http://qmcchem.ups−tlse.fr

图 4.1.2　Juan Perilla

图 4.1.3　Cyril Frésillon/IDRIS/CNRS Photothèque

图 4.3.1　改编自本篇参考文献条目 3

图 4.3.2　改编自本篇参考文献条目 4

图 4.3.3　改编自本篇参考文献条目 4

图 4.4.1　NASA

图 4.4.2　左 Labo de Micro−Analyse des Surfaces, Besançon

　　　　　右 C.Weiss & N.Bergeon, IM2NP, Marseille

图 4.4.3　Swedish Space Corporation

图 4.4.4　左 NASA

图 4.4.5　ESA

图 4.5.1　Leopoldina

图 4.6.2　Macoueron/Guenin/CNRS Photothèque

图 4.7.1a　DNA, iStockphoto.com/kirstyargeter；细菌, iStockphoto.com/spawns；发丝, iStockphoto.com/nauma；水滴, iStockphoto.com/lightkitegirl；硬币, iStockphoto.com/pixelprohd

图 4.7.1b　方钠沸石图像获 Prof. Volker Betz 授权使用

图 4.7.2b　沸石结构图像获 Arto Ojuva & Stephen Sealey 授权使用

图 4.7.4b　MIL-101 图像 Gérard Ferey/CNRS Photothèque

图 4.8.1　左上 Yannick Boehrer, ISL, Saint Louis；左下 Yves Suma, ISL, Saint-Louis；右下 Denis Spitzer, NS3E, Saint-Louis

图 4.8.2　左 Loïc Vidal, IS2M, Mulhouse；右 Lydia Laffont, ENSACIET-CIRIMAT, Toulouse

5　诊断与疗愈

图 5.0　Bertrand Rebiere/ICGM/CNRS Photothèque

图 5.1.1　Mathieu Riva/CNRS-IRCE LYON

图 5.2.1　获授权改编自 *Radiology*, 2013, 266: 842

图 5.2.3　获授权改编自 *Angew. Chem.*, Int.Ed. 2017, 56: 9825

图 5.2.4　获授权改编自 *Nat. Biotechnol.* 2000, 18: 321

图 5.2.5　获授权改编自 *Chem. Sci.*, 2014, 5: 3845

图 5.2.6　获授权改编自 *J. Contr. Rel.* 2011, 150: 102

图 5.3.1　Albert Harlingue/Roger Viollet

图 5.4.1　资料来源 https://www.vaincrealzheimer.org

图 5.5.1   根据 Sobot *et al., Nature Communications*, 2017, 8: 15678

图 5.6.2   长春花照片 B. David，Lab. Pierre Fabre

图 5.6.3   欧洲红豆杉照片 D. Guénard

图 5.7.1   左上 Hubert Raguet/CNRS Photothèque

图 5.7.2   Claude Sauter/IBMC/CNRS Photothèque

图 5.8.2   Cyril Frésillon/CC IN2P3/CNRS Photothèque

6 身边的化学

图 6.0   Science Photo Library/Zerillimedia/Francesco Zerilli

图 6.1.1   双耳瓮照片 Fanette Laubenheimer/CNRS Photothèque

图 6.4.1   Cyril Frésillon/Institut Pascal/CNRS Photothèque

图 6.4.2   Wilfried Thomas/SBR/CNRS Photothèque

图 6.4.3   Etienne Reyssat/PMMH/CNRS Photothèque

图 6.5.1   N. Patil *et al., Prog. Polym. Sci.* 82 (2018): 34—91

图 6.5.2   C.H.Xue *et al., ACS Appl. Mater. Interfaces* 2015, 7, 15: 8251—8259

图 6.5.3   S. Wang & M.W. Urban. *Nature Rev. Mater.*, 2020, 5: 562—583

致　谢

　　本书诞生于这样一种坚定不移的信念：化学，仍是人类进步的最大源泉之一，而这个信念值得远播。本书的最终出版要感谢它背后许许多多无私奉献、富有热忱的参与者。

　　首先要感谢与致敬的，是本书所有的作者，他们都是名副其实的科学工作者。为了与我们分享对化学的一腔热爱，他们勇敢地接受了挑战。在这里，我们要特别鸣谢孔布女士，感谢她在本书尚未出版时倾注的心血与帮助，并为本书写下了精彩的序言。

　　感谢帕里塞尔和泰桑迪耶，他们从这场化学之旅的伊始就一直陪伴着我们。感谢他们不遗余力地阅读、指正和润色每一个篇章，并给予了十分宝贵的意见。

　　本书的顺利编纂很大程度上也要归功于 CNRS 化学研究所对外交流处主任尤内（Stéphanie Younès），以及她率领的团队，成员包括：富瓦拉尔 - 卢塞特（Anne-Valérie Foillard-Ruzette），卡蒂埃·迪穆兰（Christophe Cartier Dit Moulin），以及德弗拉努（Françoise Defranoux）。

　　感谢 CNRS 出版社的贝洛斯塔（Marie Bellosta）女士，感谢她用敏锐且中肯的眼光，对本书进行了细致全面的校订。

　　最后，要感谢你们，亲爱的读者朋友们。谢谢你们对本书的关注与兴趣，也欢迎你们在未来不吝指教，感谢你们一切的评价与反馈，我们迫不及待地想听见你们的声音！

图书在版编目（CIP）数据

迷人的化学 /（法）克莱尔－玛丽·普拉迪耶,（法）奥利维耶·帕里塞尔,（法）弗朗西斯·泰桑迪耶主编；杨冬译 .—上海：上海科技教育出版社, 2024.8
（迷人的科学丛书）
ISBN 978-7-5428-8143-4

Ⅰ.①迷… Ⅱ.①克… ②奥… ③弗… ④杨… Ⅲ.①化学－普及读物 Ⅳ.① 06-49
中国国家版本馆 CIP 数据核字（2024）第 094912 号

责任编辑 陈 也
版式设计 杨 静
封面设计 赤 祥
封面晶体图版权所有 Bertrand REBIERE / ICGM / CNRS Photothèque

MIREN DE HUAXUE
迷人的化学
［法］克莱尔－玛丽·普拉迪耶 ［法］奥利维耶·帕里塞尔 ［法］弗朗西斯·泰桑迪耶 主编
杨 冬 译

出版发行 上海科技教育出版社有限公司
（上海市闵行区号景路 159 弄 A 座 8 楼 邮政编码 201101）
网 址 www.sste.com www.ewen.co
经 销 各地新华书店
印 刷 上海锦佳印刷有限公司
开 本 720×1000 1/16
印 张 21
插 页 1
版 次 2024 年 8 月第 1 版
印 次 2024 年 8 月第 1 次印刷
书 号 ISBN 978-7-5428-8143-4/N·1222
图 字 09-2023-0075 号
定 价 128.00 元